改善力を生かした究極のものづくり

儲かる農業経営

Farm Management

CRAFTSMANSHIP

株式会社 日本能率協会コンサルティング
JMA CONSULTANTS INC.
今井一義 KAZUYOSHI IMAI

日本能率協会マネジメントセンター

目次

※本書で取り上げている事例やケースは実在のものを用いておりますが、登場人物名や企業名等は、一部を除き、仮称にしております。ご了承ください。

序章

農業は究極のものづくり

農業は「究極のものづくり」と言える。圃場《ほじょう》環境など日々の変化・変動要因が多く、その変化への対応が必要とされる農業ではあるが、「ものづくり」を得意とする日本が、農業で他国に負ける要素は少なく、けっして引けを取らないと考える。

日本の「ものづくり」の強みである改善力（カイゼン力・KAIZEN力）を活かした農業経営ができれば、儲かる農業経営は実現可能であるはずだ。

他国の農業と事業規模・特性の違いはあるかもしれないが、普通に農業経営ができれば、日本の農業も魅力的な産業になりうる。いや、**農業を魅力的な産業に変革していかないと明るい日本の未来は望めない**だろう。なぜなら、食糧の安定供給は、国家の根幹であり、人口減少の日本においても重要なことである。爆発的な人口増加が懸念される世界との食糧調達競争・危機に巻き込まれるのも時間の問題と言えるからだ。

ではなぜ、日本の農業は儲からず、魅力的な産業になっていないのか？

確かに単純に欧米と比較すると、生産性など数値的には劣っている。低生産性になる要素が日本は多いかもしれないが、数字のマジックと言えなくもない。代表的な指標である生産者一人当たり生産金額では劣っているが、分子の付加価値額を適正に評価したら、どうだろうか？　例えば、需要側のニーズがない供給側の論理で価値が認められないものは排除するとしても、品質や安全性などの価値を適正に評価すれば結果は変わってくるだろう。

農業は、天候、遺伝子など変化・変動要因が多く、毎回１００点満点をとることは難しい。だから、いかに早く変化点に気づき、早期に的確な対応をするかが勝負となり、**情報収集の仕組みと問題解決力が、高度な農業経営マネジメント、儲かる農業経営のポイントとなる。**そのためには、成長プロセス・工程ごとの標準・基準を整備して明確にし、従業員全員で共有することが重要となる。そして、**標準・基準からの逸脱を早期に気づく仕組みを構築して、最適対応**（タイミングよく、ベストな方法を選択する）**のための対応策評価の仕組みと早期に着実にやりきる実行力**（スピードとやりきる力）が重要なポイントとなる。

農業は、あるアウトプットを出すためのプロセス（栽培工程×経営資源）が多岐に渡り、多様な阻害因子（天候、土壌、遺伝子変異、個体差など）があり、再現性が低いので難しい部分が多いと言われてはいるが、**科学的にアプローチ**することで、毎回１００点満点の生産を続けることは難しいにしても、最適解を導き出すことは可能である。標準化することも難しいがゆえに、いかに**標準化**していけるかということが重要になってくる。そこに焦点をおいて、強みとなる競争優位基盤を築くことが重要なポイントとなる。経営幹部が持っている栽培技術やノウハウを標準化して、活用し適切に運用することができれば、競合に対する差別化因子にもなりうる。農業経営における改善は、農業機械の自動化、システム化の他にもお金をかけずにやれることがあるし、むしろ**お金では買えない改善技術・管理の仕組み・組織文化こそ、模倣されにくいので重要**である。

農業と一括りで話しても、いろんな農産物、対象があり、農業経営の考え方・特性が異なるため、類型化して、経営パターンごとにポイントを整理しておきたい。

農業経営のパターンは、生産する農産物の特性（収穫・出来高の頻度、管理すべきポイント）、自社経営資源の能力上のネックがどこか、の違いによって、大きく6つの形式が考えられる（13ページ参照）。

本州の平野部の兼業稲作農家だけでなく、土地の形態・気候を活かした大規模な企業的農業経営の野菜生産、付加価値を追求する果物生産、動物を相手に日々の管理が重要となる酪農・畜産と、農業の経営はいろんな経営形式がある。

したがって、各々の管理ポイントは異なるが、農業は生き物を対象にしているので、いずれも変化・変動が多く、その変化の兆しに早く気付き、適切に対応しているか？　できることをきちんと改善しているか？　ということが重要であり、**現状に満足せず、常に改善する意欲・体質が、共通の競争優位基盤となる。**

私自身は、10年以上農業経営コンサルティングに携わり、いろんな農業経営者、農業経営パターンを見てきたが、「儲かる農業経営」に共通して言えるのは、**「経営者が常に改善マインドを持ち、現状を変革していこうという気概を持って、改善文化・改善活動を組織に落とし込み実践している」**ということである。

ここからはさらに、良いビジネスモデルを作り、持続的に実現し続けることができている強みとは何か？　を見極めてみたい。

農業経営の本質は、**「変化・変動への適切な対応」**である。

農業生産者は常に、需要サイドの変化・変動（時節がら、流行・廃りなど）への対応と、供給サイドの変化・変動（天候、土壌、害虫、種子・遺伝子などの影響による病気や成長の遅早）への対応が要求され、その対応力で農業経営の善し悪しが決まると言っても過言ではない。

適切な対応とは、**問題（変化・変動の兆し）を、早期に発見できることであり、発見した問題点に的確に対応できることが肝要**である。問題発見のための

農業経営のパターンと経営改善ポイント

農業経営パターン	主な農産物イメージ	圃場収穫頻度	主な能力ネック	KPI重点管理指標	経営改善のポイント
土地利用型(根菜)	玉葱、人参、じゃが芋	1－2回/年	選別・調整工程 土づくり	面積当たり収益性	高収益性と負荷バランスを考慮した最適な作付ミックス
土地利用型(穀物)	米、小麦、大豆	1－2回/年	土づくり、定植(田植)、代掻き	面積当たり収益性	収率向上と繁閑差の解消(固定費を縮減しつつ能力UP)
施設利用型(葉菜)	小松菜、ねぎ、リーフレタス	3－20回/月	選別・調整工程	時間当たり収益性	改善による労働生産性向上 農産物の品質向上
施設利用型(果菜)	トマト、キュウリ、茄子	3－25回/月	選別・包装工程	時間当たり収益性	収率向上と労働生産性向上 農産物の品質向上
果物付加価値型	みかん、りんご、イチゴ	1回/年	選別・包装工程	時間当たり収益性	ブランド化など付加価値向上による販売単価UP
酪農畜産	乳牛 肥育牛、豚、鶏卵、鶏肉	酪農：2－3回/日 牛豚：1回/2年 鶏卵：1回/日	酪農：2－3回/日 牛豚：1回/2年 鶏卵：1回/日	FCR飼料効率	FCR向上と事故率削減

仕組みの構築（情報システム化、自動化）と並んで重要なのは、問題解決力である。せっかく情報収集しても、問題だと気づかないと意味がないし、問題と気づいても正しく対応しないと、問題解決できない。

農業経営者は、朝令暮改を恐れてはいけない。農業はちょっとした小さな変化への対応の遅れが大きな損失につながることが多い。機敏な変化対応自体が強みにもなりうる。そのためには、「社長が言うことがコロコロ変わる」と従業員に言わせずに、**「社長が言うことが変わった。でも社長が言うのだから何か意図があるはず、まずトライしてみよう」**と思わせる、思ってもらえるような、**普段からの従業員との信頼関係の構築、コミュニケーションの充実が重要**となる。

良い農業経営のために、ハード面を強化すること（自動化、システム化など）は重要な要素のひとつではあるが、ハード面の強化だけでは儲かる農業経営は実現できない。**ソフト面の充実（社長の聴く力や対話力のコミュニケーション充実など）**も肝腎であり、ハード・ソフトの両面を強化する必要がある。

ソフト面の充実は、経営者が普段から、強い信念と論理性をもって、従業員一人ひとりと丁寧に向き合って対応することが重要であり、そのためには、社長一人で対応するだけでなく、社長をフォロー・支援する良き右腕も必要となる。こうした信頼のおける役割は、社内でなくても社外にいてもＯＫだ。良いパターンとしては、社長の奥様が専務として社内の従業員の精神的支柱になり、経営を支えるような形態なども考えられる。

何でも社長一人で対応するには限界がある。農業経営は売上高が一億円を超えてくると、不思議といろんな不具合が顕著になってくる。小規模な家族経営で当たり前にできていたことが事業規模拡大とともにできなくなり、損失につながる事象が発生する。社長一人の管理では、目が届かなくなるのである。

農業経営者のミッションは、優れた栽培技術を駆使し、良い農産物を経営資源の無駄なく生産し（リスク予防に目配り、気配りして）、農産物を安定して供給し続けること。それによって、拡大再生産する利益を確保することが最重要であるが、なかなか経営者がこのミッションに集中して取組めているケースは少ない。

農産物は量的価格弾力性が強く、生産量の増減に価格が変動しやすい。

農業は、種まきしてから収穫するまでのプロセスが長く多岐にわたり、変化・変動要素が多い。生産者は出荷量不足リスクに対応するために、多めの作付・生産をしがちで、何も問題が発生しないと豊作貧乏（豊作になると産地全体の収穫量が大幅に増加し、市場全体に当該農産物があふれ、販売単価が半値以下に値崩れし、収穫して販売するほど赤字が増える状況）になることもある。

良品をたくさん作っても喜べない……、こんな産業に発展は望めない。だから、**作りすぎのムダを排除する仕組みや工夫が必要**なのである。ものづくり企業に勤務する方は、需要量にマッチしない見込生産をするからだと思われるかもしれないが、農業は農産物の作物成長次第のところがあり、生産リードタイムは長く、単純に自社努力で短リードタイム化できない。また一方で、作付計画段階において需給ぴったりマッチした生産ができたら良いのだが、農産物成長プロセスでの変化・変動リスク要因が多く、計画量＝収穫量の生産は難しい。

読者の皆さんは、消費者が100円で購入している野菜の生産者の売り渡し単価をご存じだろうか？　生産者から流通事業者への売り渡し単価は30～40円。残りが卸・中間事業者、製造・販売事業者の手数料・利益になっているのは、産業として健全とは言えない。ただし、食品関連事業者の利益率は軒並み低いので、誰かが利益を貪っているわけではなく、流通構造にムダが多いだけということも言える。量の過不足リスクを生産者が負担する構造となっており、消費者も、生産者も、流通事業者も、誰一人満足していない。儲かっていない、産業に魅力がないと、人、カネが集まらず、早晩産業全体が行き詰まる。食は国家の重要産業であるにもかかわらず、斜陽産業となるということは、様々な弊害が出てくるという由々しき問題なのだ。

農産物直売所での販売が、この流通プロセスを最もシンプル化したもので、わかりやすい。店頭での販売単価100円に対して80円から85円が生産者の手取りとなっているが、農産物直売所は生産者がリスクを抱える構造で、売れ残った農産物の廃棄ロスや運搬・調整ロスが生産者の負担となっているため、生産者の収益性を悪化させる要因となっている。また農産物直売所は、季節性、すなわち収穫時期が一時期に偏っていて周年供給が困難という問題もあり、大きく拡大していない状況にある。

現状の一般的な農産物の流通プロセスでは、ムダな運搬や選別、梱包仕様の入替ロスが頻繁に発生している。以前は、需要サイドと供給サイドがダイレクトにつながることが難しく、卸機能は必要不可欠だったが、これからはＩＣＴの進化や経営環境の変化により、需給の情報がダイレクトでつながることで、卸売業の中間段階での量調整機能はコンパクト化（シンプル化）でき、中間プロセスで発生するロスが削減し改善できるはずであると考える。

中間プロセスが多岐にわたることにより、ロスが大きくなる問題は他にもある。生産、加工、流通、消費４つの場面で仕様、品質基準が異なっていることから、個包装袋の入替ロスが農業生産者だけでなく流通段階でも頻発している。

工程間、作業者間、時期間、農機・システム間で異なる品質基準のポイント

を整理し、作業や資材を標準化することが肝要である。超高級品でないかぎり、トマトはトマト、キュウリはキュウリであり、包装資材を変えることだけで、持続的なブランド価値向上は期待できない。短期のまやかし価値向上はあるかもしれないが長続きしない。成功したとしても、単発的なセール品のみが有効という状況に陥るだろう。

天候リスク対応は保険・金融の仕事。また量の調整機能は、本来的にも卸売事業者に担ってもらうのが一番機能的である。需要サイドから一番遠い、需要サイドの情報量が少ない農業生産者が個々で量不足のリスクを対応するから量変動の揺らぎ対応を見誤り、問題が大きくなる。一発当てるのは農業経営ではなく、博打である。農業経営者から「今年はある農産物が高値で推移し、儲かった」という話をよく聞くが、持続性がない。裏を返すと別の年は「特定の農産物が低値で推移したので損をした」と、他責の言い訳にもできる。根本的な改善につながらず、現場の実力も向上せず、逆に本業の農業経営が高度化しないため、いつまでたっても儲からない事業から抜け出せないままである。

日本の農業は土地が狭く、小規模・非効率で、生産性が低いと言われているが、本当にそれだけが低生産性の原因だろうか？

実際に土地が狭く、小規模化で非効率な面もあるとは思うが、それ以外にも様々な要因がある。それゆえに、**低生産性の事実を認識し、悲観せず、謙虚に課題解決に取組むこと、日本の強みである改善を愚直に推進することで、儲かる農業経営を実現し、産業発展することが可能であると**私は考える。

もうひとつ非効率性で見逃せないのが、個々の農業現場だけでなく、農産物のサプライチェーン構造である。日本は、生産された農産物が、多段階においてそれぞれの事業者が介在し、小売店頭に並んでいる。先述したが、本来、生産者が享受すべき手取りが、サプライチェーンの中間段階に、埋没している。歴史的な背景から、当時は必要性があったのかもしれないが、情報化が進展した現代では、卸機能は、機能不全に陥ってないだろうか？

量調整機能はＩＣＴ化の進展により、情報システムに置き換わろうとしている。卸・中間事業者は、消費者・購買者のニーズを的確に生産者に伝え、良い農産物、すなわち高品質で＋αの価値がある農産物を、着実に生産者に生産してもらい、需要者に確実に供給することが、卸売事業者の一番のミッションであり、唯一の生き残る術である。そのことを忘れて、卸売事業者が、安値で生産者から仕入れ、高値で販売する短期的な儲けに走ることで、長期的に自分たちの重要な取引先である生産者を追い込むことにつながっていく。生産者に利益が残らないので、適切な投資ができない、儲からないので事業承継できないといった悪循環になっていて、卸売事業者自らが落とし穴に入り込んでいるのである。

農業経営パターンは大きく6類型あると前述したが、本著では代表的な2つの事例、①土地利用型農業（根菜）と②施設利用型野菜生産のコンサルティング事例をとおして経験した事実を物語調に再整理している。

いずれも愚直に改善を推進し、その後大きな経営成果につなげている。そして、農業のひとつの理想形である**「*6次産業化」**に取組んでいる農業経営体の事例を踏まえ、日本式農業経営の目指す姿（ハード投資だけでなく、ソフト面の充実も重要）について、考えてみたい。

本書をとおして、読者と農業関係者の理解を深め、日本の農業の課題解決の一助につながれば幸いである。繰り返しになるが、農業経営の本質は、変化・変動への適切な対応である。農業生産者は常に、需要サイドの変化・変動への対応と、供給サイドの変化・変動への対応が要求され、その動的変化への対応力が問われている。このことを肝に銘じ、中長期的な視点で改善活動に取組んで欲しい。

土地利用型農業のポイントは、面積当たり収益性の向上である。限りある圃場を有効活用し、収益の最大化を図ることがポイントになる。収益は売上高－原価で算出されるため、きちんと農産物ごとの原価を算出し収益性を把握する意義は高い。土地利用型農業は繁閑差が大きいため、対策が必要ではあるが、把握した収益性をもとに経営資源を最大限活用でき、高収益な農産物を中心に最適な作付計画を策定する。原価低減のために、生産性が高い農業機械を有効活用するなど改善を推進する。農業機械は自社所有にこだわらず、シェアリングリースなども有効な手段のひとつとして、幅広い視点から考えることも必要だろう。決して自社所有に拘って、経営判断を鈍らせてはいけない。

もうひとつの代表的な農業経営パターンは、ハウスなどを活用し、トマトやイチゴなどの果菜類、小松菜、水菜など葉物野菜を栽培する「施設利用型農業」である。**施設利用型野菜生産のポイントは、能力上ネックになりやすい調整・包装工程の作業時間当たり収益性の向上**である。ハウス栽培なので周年収穫・周年出荷が可能で、サイクル性が高い収穫後の包装職場の作業を改善すると大きな成果につながりやすい。**労働生産性向上が、収量増加による売上高アップとコストダウンの収益向上に直結**する。生産能力上のネック工程になりやすい出荷工程（包装・調整工程）の生産性向上を図ることで、作付面積を拡大し収穫量を増加させ、売上アップも期待できる。

日本の農業は、改革・改善を推進して農業経営を高度化することにより、儲かる産業へと変革できる可能性を秘めている。機械化やＩＣＴ化などのハード面の開発に加えて、これまでとは異なる視点で産業全体を構造的に変革したり、自社の現場から改善してみよう。やれること、すべきこと、チャンスは、目の前にたくさんあるのだから……。

先述したが、農業経営の本質は、変化・変動への適切な対応。需要サイドの変化・変動を感度良いアンテナで受信して対応し、供給サイドの変化・変動は従業員の協力のもとで適切に対応する。農業経営者として、その対応力を強化するためのキーとなるのは、**ハードへの投資とソフトの仕組み構築、組織づくり、そして人づくり**である。この４つに軸足をおいて取組みたい。

大金を投じなくても、できることはいっぱいある。全員が革新的で先進・先鋭的なことをする必要はない。まずはムダ取り改善からスタートしてみよう。現状の問題点を見つけ、着実に改善する実行力、現場力を身につけることから始めてみよう。改善のチャンスは誰にでも、どこにでもあるのだから。

何はともあれ、現状の問題発見からトライしてみよう！

＊「6次産業化」

農林漁業者（1次産業）が、農産物などの生産物の元々持っている価値をさらに高め、それにより、農林漁業者の所得（収入）を向上していくこと。また生産物の価値を上げるため、農林漁業者が、農畜産物・水産物の生産だけでなく、食品加工（2次産業）、流通・販売（3次産業）にも取組み、それによって農林水産業を活性化させ、農山漁村の経済を豊かにしていこうとするもの。

「6次産業」という言葉の6は、農林漁業本来の1次産業だけでなく、2次産業（工業・製造業）・3次産業（販売業・サービス業）を取り込むことから、「1次産業の1」×「2次産業の2」×「3次産業の3」のかけ算の6を意味している。

第 1 章

原価を把握し低減する

〈帯広市：土地利用型農業の改善事例〉

1 帯広市の長期視点での取組み

「ポーン」、飛行機着陸準備の案内が流れる。私（農業経営コンサルタント今井一義）は、帯広空港上空の機内から見える果てしなく続く大地に圧倒されていた。帯広の1区画は、180m×270mのおよそ5Ha。碁盤目状に整備された農場は、本州の農場とはスケールが違う。

帯広空港に降り立つと、初夏とは思えない涼しい空気に包まれた。

帯広・十勝地域は140年前に開拓され、適度な寒暖差に恵まれ、寒冷な気象条件にありながらも広大で恵まれた土地資源、年間2，000時間を越える日照、良質な水資源等、豊かな自然環境の中で、農業・林業・水産業といった1次産業を柱に発展した地域である。特に農業は、近代技術の導入や土地基盤の整備を進めながら発展し、日本を代表する食料生産基地となっている。主な農産物は、耕種農業では小麦、ばれいしょ、てん菜、豆類、酪農・畜産では生

乳、肉など、地域一体となってエリア全体で協議会を立ち上げ、「十勝の価値（勝ち）」など、ブランド価値向上にも取組んでいる。

帯広空港で、私を待っていたのは、帯広市役所産業連携課の廣崎担当と三上主幹だった。農場までの移動中に、複数の大型トラックとすれ違った。私は、「さすが、北海道だな。規模が違うなぁ」と思った。

北海道の大型トラックは、本州とは違って、建設工事の現場用ではなく、農業現場に使用するのがほとんどである。収穫用農機を運搬したり、収穫した農産物の積込・運搬用である。

私は青森県出身のリンゴ農家の次男坊。幼少のころから、りんご栽培に追われて苦労する両親を見て育った。小学生、中学生、高校生、大学生と成長する中で、りんご栽培の繁忙期、主に収穫時期の手伝いに勤しみ、就活では就農も検討したが、父親に反対され断念した。だが、自分自身の経験から、苦労している農家が儲かり、拡大再生産しようと考える産業を作りたかった。

その後、建設会社を経て、コンサルティング会社に転職し、主に製造現場の改善を主導してきたが、活動を続けていく中で、製造業のコンサルティング技術、主に現場の改善活動を農業に展開し、農業界を変革したいとの思いを強く持つようになっていった。そんな思いを胸に、日本の農業、日本の食糧を支える北海道から農業改革を進めていこうと、帯広入りしたのである。

移動の道中、帯広市役所の三上主幹から、現在の十勝エリアの農業の課題として、補助金頼りの農業生産者の収益構造の問題点、補助金が出なくなると農業を継続できない人が増え、帯広市としてもリスクであることを聞かされた。

また現在、帯広市の農地には空きがなく、農地面積を増やすことが難しいため、税収を拡大するうえでも、面積当たりの収益性向上がポイントであるとの説明があり、今回の取組みにおいては、**「農産物別の収益構造の見える化」**と**「収益性評価」**、**「季節別の負荷状況と収益性をふまえた最適作付計画」**を構築することが期待されているようだった。

私は、これからの農業の将来を考えている自治体は、単純な短期的効果につながる補助金獲得だけでなく、このような**中長期を見据えた、高度な農業経営支援の取組みが必要になると**、深く感銘した。大規模な農業経営体が増加すると、企業的農業経営が必要となってくる。これまでの家族経営スタイルでは農業経営が成り立たない時代がやってくるのである。**変わらないと農業経営が成り立たない**。目の前に課題が迫っている。日本の農業の危機が近づいている。

2 大規模農業経営の実態と課題

帯広空港から15分ほどで、今回コンサルティング活動の支援対象となる路上《みちうえ》農場に到着した。広大な畑の中にポツンとある一軒家と農機車庫、従業員休憩室・事務所、資材小屋、貯蔵冷蔵庫などといった農業関連の小屋群を見ながら、さっそく事務所で路上社長と面談した。

社長の路上三郎は地元の大学を卒業後に就農し、4代目農家の49歳。成人した2人の息子と、奥様（専務）、従業員10人ほどで路上農場を経営している。

面談で社長は、圃場別・農産物別の原価を的確に把握し、家族や従業員と問題点を共有し、改善したいニーズがあることを熱く語ってくれた。現状は年1回の決算で、全圃場・全農産物合算での損益数値は把握していた。

路上社長は言う。

「これまでも、従業員に、社長としての思いや、考えを伝えてきたが、すべてが上手くいっているわけではなく、様々なハレーションが生じ始めている。数字で示すことで、家族や従業員の合意と納得感を得たいし、自分でも数字を見て最適解を判断していきたい」

農業に正解がないことから、家族、従業員個々人の意見を整理するのに苦労している状況が感じ取れた。こうした話をする際には、文書・資料などの共有がなく、その場の発言だけで議論がなされることが多いため、空中戦の議論になりがちだ。さらには、〝農業あるある〟とも言えるのだが、結果論であの時こうしておけば良かったといった、後付けの「たられば論」、すなわち後出しじゃんけんの議論になることも多く、雰囲気が悪くなっているようだった。

路上社長は、コスト意識が高く、緻密な性格で、事前の情報整理はできていた。データ・情報は、ある程度そろっており、農業経営の数値にも明るかった。税理士とも情報共有できていて、減価償却費が明確であるなど、農業機械の資産台帳も整備されていた。また、肥料や農薬の単価は、ＪＡ・資材業者からの請求内訳伝票のファイリングをもとに把握することもできた。

だが、原価を把握する際に、意外と苦労したのが、圃場名称の統一と特定だった。従業員、経営者、個々人によって、圃場の呼び名が異なっていた。圃場で困るのは圃場の形状認識・境界線が異なることである。形状が違うと作付面積も異なってくる。作付面積が違うと、当然原価も変わってくる。原価は、資材・農薬など面積当たりいくつで、決まる部分が多い

また、作業名称や作業項目も個人差が大きかった。当然、同じと思っていた作業名称が異なるということは、作業指示が行き渡っていないことの証左でもある。打合せでは、考え方や頭を整理・共有するために、図に描いて作業方法、作業内容、作業時間を確認していった。例えば圃場での農機の転回ひとつとっても個人差がある。打合せを進めていく中で、従業員個々人によって、作業目的、作業の解釈、作業方法に違いがあることがわかってきた。作物成長のバラツキや作業生産性のバラツキの要因が少しずつではあるが、見えてきた気がした。**作業者による作業方法の違いは、小さいことでも改善対象となり、大きな成果が期待できる。**

耕耘作業の図示確認イメージ

耕耘

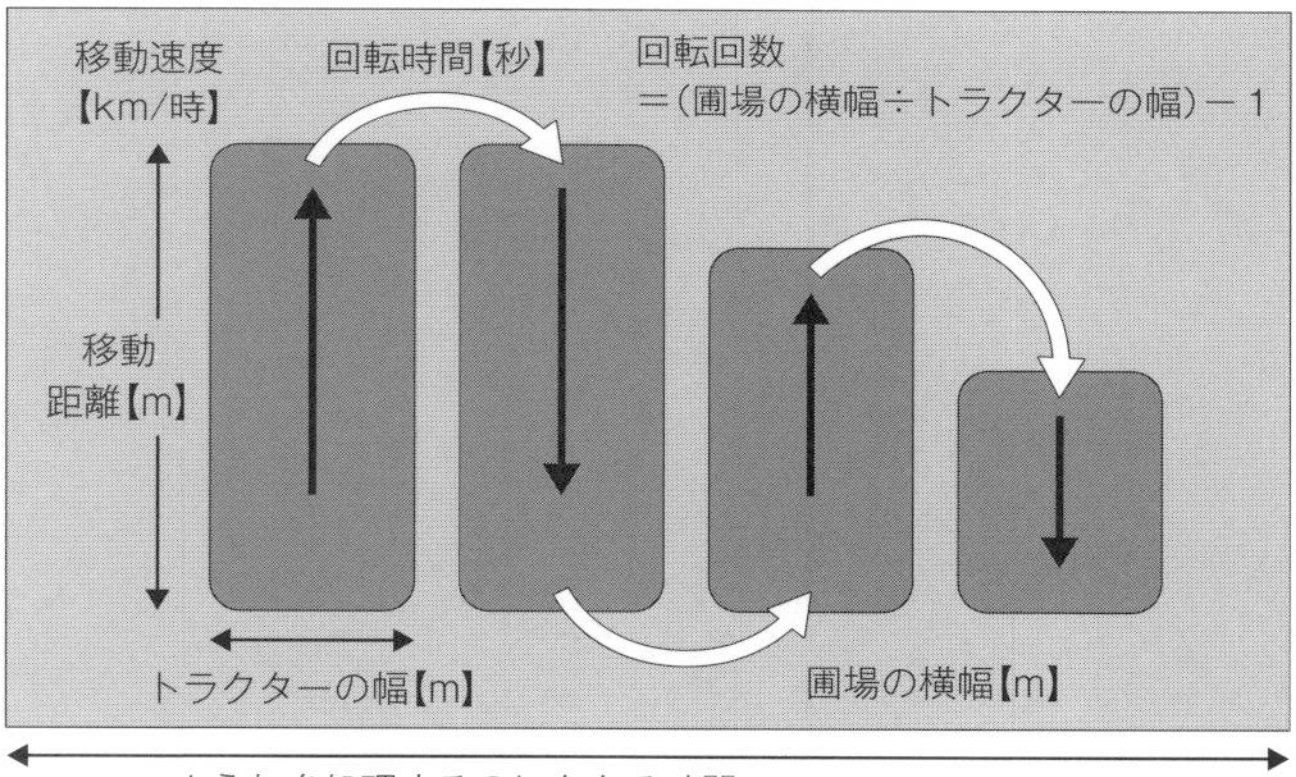

１うねを処理するのにかかる時間
＝移動距離【m】÷移動速度【m/時】×（圃場幅÷耕運機幅）

従業員のヒアリングを進めると、圃場での農機の回転方法や直進スピードにも違いが見えてきた。絵に描いて共有すると「へー、そんなやり方をするんだ」「この作業の目的は？」など、これまで他人の仕事内容はあまり気にかけてこなかったのか、多くの改善対象が見つかった。家族経営では共有化できていて当たり前の目につかない違いが、大規模化により企業的農業経営が求められる中で、問題点として浮き彫りになってきた。

初夏に行われた第1回顔合わせ

で、路上社長のやりたいこと、必要な情報と既存データを確認し合い、農閑期の12月、1月に追加の情報収集、分析データの確認会、次年度計画策定を開催することにした。

3 原価を見える化し課題を把握

圃場別の原価は、面積×面積当たり標準使用量×単価で把握できるので、面積は重要なファクターとなる。いまは地図ソフトを活用し、ＭＡＰに境界線を引くことで、面積を算出できるソフトが充実している。しかしながら、作業方法、栽培方法、考え方は人によって千差万別であり、畝《うねき》切りの方法、作付の考え方で、作付面積や作業時間も変わってくる。圃場特性をヒアリングして、作業方法、栽培方法の考え方について、ひとつひとつ確認していった。確認する過程で、従業員の経験や教育者・師匠からの教え、さらに師匠からの申し送り事項などの違いからくる問題点が浮かび上がってきた。標準的な考え方がないので、個人差が出てくる。**自分では正しいと思って長年やってきたことが、情報共有することで、実は非効率だったということに気づく。**

「何か作業時間かかるなぁ、と思ってたんだよなぁ。でも作業を任せてるから、言いづらかったんだよなぁ」「こうやって絵にして話してみるもんだな。問題点が見えてくる」

作物担当者が驚きの声を漏らした。

この一連の活動を通して、**熟練者のノウハウの標準化と、その標準の教育徹底が有効施策**だということに気づき始めた。

農業においても標準化と教育は重要である。**標準化は改善の一丁目一番地**であるが、お金をかけずにすぐできることをやれてない。大きな投資をせずにやれることは、じつは目の前にたくさんあるのだ。

第2回の打合せでは、栽培工程別の原価も把握することになり、栽培プロセス工程別の標準工程・作業、標準時間、作業タイミングを整備した。

面積×面積当たり標準作業時間を算出することで、あるタイミングでの負荷状況（作業量）を把握できる。ネック工程での作業遅れによる収量減少リスクの回避など、必要に応じて農業機械・設備や作業者などの経営資源を**スポット的に投入すること**が事前に準備可能になる。これまでは、ギリギリの間際で能

農業における作業計画システムに必要な情報項目

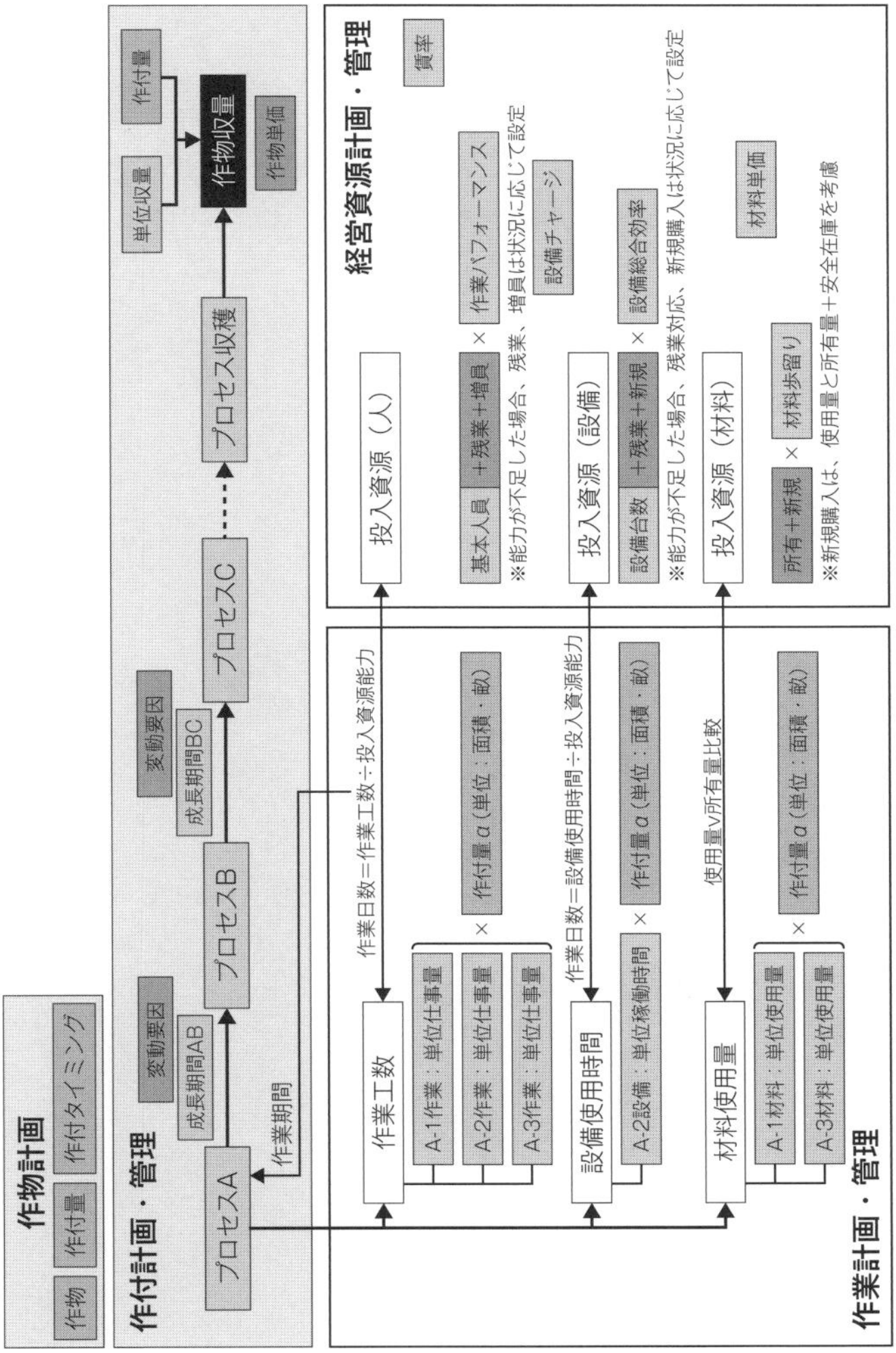

力不足が判明するため、手配が間に合わなかったことが幾度となくあったが、作業タイミングをあわせて、アルバイトを手配したり、レンタル農機を準備したりできるようになってきたのだ。

農産物別標準マスタデータ、すなわち標準使用量や作業時間、作業タイミングの整備は、作成に労力を要するが、標準をベースに改善について議論したり、そもそもの標準自体の従業員間の認識合わせが進むなど、その効果は大きい。

徐々に「その作業を標準時間内に完了するのは難しい。そもそも作業方法の考え方自体が違う」などと、議論は熱を帯びてきた。「耕耘《こううん》」工程ひとつとってみても、作業者によって考え方が違ってくる。考え方の違いは、作業方法の違いとなり、作業時間の違いとなる。農業における標準作業の重要性を改めて再認識した。

4 改善活動の第一歩

路上社長のねらいどおり、今回の活動をとおして、少しずつではあるが、作物担当の責任者、従業員を巻き込んだ活動となってきた。標準作業について、具体的な議論ができるようになってきたことが成長の証である。

「その切り回しよりも、この方法が効率的だよ」

「この畑は道路側から入ってこっちに抜ける方が良いよ」

これまで空中戦の様相を呈してきた議論が、地に足がついた実のある具体的な議論になってきた。

第３回の打合せでは、収集・分析したデータをもとに個々の内容を確認した。農業経営者、作物担当者の感覚値との擦り合わせは重要で、現場の感覚と大きく異なる数値は、単位間違いなど発生していた。

「収穫した農産物の入れ物は？」

「あの農産物は普通これを使うよ」

この打合せで桁違いの数値をチェックし、それを修正することができ、会話することで、従業員の参加意識も徐々に向上してきた。

コンテナなどの入れ物（副資材）も、生産能力を決める重要な要素であり、笑い話ではないが、コンテナ不足で収穫できないこともあるので、その管理も重要となることが判明した。

「朝、コンテナを探していて、30分出発が遅れることがあったなぁ。いつも置いておく場所にあると思ったのに無いんだもんなぁ。コンテナを他の作物で使っても良いけど、使うなら一声かけて欲しいなぁ」と愚痴をこぼしていたところから、**「コンテナ不足がわかる仕組みを考えよう！」と、建設的な提案に変わってきた。**

コンテナが不足する場合は、事前の補充が必要となる。そして、標準マスタデータに準備作業も追加することになった。少し細かい情報ではあるが、安定した生産には欠かせない情報である。時には細かすぎるデータ・情報もあり、標準マスタ整備の進捗は難航した。個人的なこだわりが強い情報、大勢に影響がない情報・データについては、程よいこだわりに留めながら、情報を整理していった。

２月に行われた第４回の打合せでは、標準マスタデータをもとに、収益最大化に向けた作付計画を策定した。

季節別の負荷状況を把握して、ある特定時期に負荷が集中する場合は、作付タイミング・作付量を修正し、繁忙期の作業量の適正化を図った。そのうえで、最大収益を目指す作付・生産計画を作成し、年度計画として従業員に発表した。さらには、数値・データをもとに納得感のある作付・生産・作業計画を家族や従業員と合意した。

「収穫の時、雨が降ったらどうする？」

「天候不順で農産物の成長が遅くなったらどうする？」

「アルバイトに事前に仕事内容を教育して欲しい。栽培部門だけでのアルバイト対応は難しい」

発表会では、従業員からいろいろな質問や意見・要望が出た。繁忙期の仕事量に対して、関心がある様子が伺えた。

従業員の反応は、「見える化」によるひとつの成果である。**作業量が見えたことで、言いたかった問題点が明確になる。**全員で問題点を共有し、解決案を検討した。意外にも普段無口で黙々と作業していた作業者がアイデアマンで、多数の改善案を提案してくれて、一同が驚いた。

こうして、試行錯誤しながら改善活動の第一歩を踏み出した。

5　課題解決へ新たな問題発生

繁忙期を事前に認識し、数値をもとに想定される不具合を発見し、アルバイトの投入も含めて事前検討して課題解決できた。当然、農産物なので多少の計画ズレは生じるが、概ねの課題解決が図れてきた。

計画を絵に描いた餅にしないために、計画と実績を比較するための日々の日報データの実績収集の重要性について共有し、実績の把握方法を議論し、ルール化したが、ここに問題点があった。日々の業務に忙殺され、実績データの入力・日報の記入忘れが頻発したのだ。

8月に、中間確認会を実施し、データの入力状況、実績の振り返りをしたが、役員も含めて重要工程を任される人ほど忙しく、データ未入力により、実績を把握できないという傾向が見られた。データの重要性は認識しつつも、繁忙時には、実績データ入力をないがしろにしてしまう。再度、実績データの重要性とルールを確認し、散会した。

その晩の打上げで、路上社長が残念そうにぽつりとつぶやいた。

「これが今の農場の実力なんだよなぁ」

重要性は理解しているが、忙しくなるとできないもどかしさ。実績データ収集のための効率的な日報のシステム化が求められた。

12月に入り、初雪が根雪になるころ、帯広市役所会議室に集合し、収穫後の振り返り確認会を実施した。事前に私が分析した資料をもとに内容を確認して、問題点を確認し、改善案を議論したが、計画と実績のデータを比較すると、様々な問題点が浮き彫りになった。

明らかになった大きな問題点のひとつめは、作付初期に天候の影響で当初は想定していなかった余分な作業が発生し、原価が悪化したこと。2つめの問題点は、収穫機の調子が今ひとつで収穫の作業時間が増加し、収穫工程の原価が悪化したことだった。

そこで、この2つの問題点について議論し、改善点を盛り込んだ次年度計画の作成に入った。

原価を把握することで、調子が悪かった収穫機について、いくらまで費用をかけて代替機を準備手配すべきかを数値（代替機費用＋余分にかかる時間×人数×時給単価）をベースに検討できた。同様に、収獲機に同乗し選別する作業人数、すなわち原価に見合う採算ベースの人数を算出できた。**原価の見える化効果**である。

この問題点分析により、改善議論を通じて当該農産物の責任者の経営意識は大きく向上した。これまでも**感覚的には問題点を把握し、改善検討できていたが、数値でより鮮明化した。**

後日談だが、農産物責任者が肩を落としてこんなことを言った。

「わかってはいたけど、数字で見ると判断しやすいね。その気になるね。標準からの遅れがこんなに多いとは。ショックだね」

6 改善活動の進化

目標となる面積当たり収益性を設定し、それを達成するための単収（単位収量：面積当たり収穫量）と面積当たり原価を明確に見据え、問題点を明確化し、改善に取組み始めた。

2年目に入ると、改善計画にもとづいて進めた改善は数値成果となって表れてきた。各工程における作業時間が大幅に改善されたのである。何より、農産物責任者の発言に、確固たる自信と責任が感じられるようになったのが大きかった。

「目標とする作業時間を意識し作業した」

「ちょっと意識するだけで、作業が変わってきた」

3年目以降の改善は、より自発的に推進するようになり、挑戦的な提案も出たりするようになった。栽培時期的に難しい、より販売単価が高い品種への挑戦が始まった。

ここまでに2年かかったが、まずは「原価の見える化」のテーマを掲げて始めた活動は、いよいよ**「改善を推進する農場」**という路上社長の思いが形になって結実し始めてきたのだ。

「原価の見える化」は、問題点の把握につながり、改善が進む。問題点が見えないと改善は進まない。さらには「原価の見える化」により、事実をしっかり把握し、感覚の改善から、「成果が出る」着実な改善へ変えていく必要がある。**高度な農業経営の第一歩は「見える化」である。**原価や問題点を、数値で見える化し、従業員を巻き込んで改善を進めることの重要性を実感した。これからの農業経営体に求められるひとつの答えである。

農産物別の収益性の差異、圃場別の差異、作業時期別の差異、計画と実績の差異が「見える化」され、いろんな要因で悪化した原価を問題点として認識した効果は、単年だけでなく、持続的な改善基盤としても、その効果は大きかった。翌年度に反映した改善計画が新たなレベルアップした標準になり、収益性

が向上していった。
路上社長が語ってくれた。
「社員が指示待ちではなく自ら考え、正しい行動がとれることが理想だ。経営者である自分が、正しい指示が出せることが信頼につながる。そのため、工程管理、作業管理は必要だ。今回の「見える化」の活動を通じて基準になるものは完成した。これからは、このツールを活用して社内で活発に議論、相談を行い、熟練者のノウハウを大いに引き出し、従業員へ教育訓練することに注力したい」
「父から子へ、経験・カンをデータとして蓄積することで伝承が可能になった。それをベースに、次の次元の農業にチャレンジしたいとの思いを強くした」

路上農場では、その後、効果的で効率的な「農家が活用しやすい日報システム」の自社開発に取組むことになった。農業生産者による農家のための日報システムの開発と運用の仕組みのプログラム設計が期待される。

- 問題点の定量化や投資余力判断など、原価を把握することでわかる効果は大きい。
- 改善活動の成果は経営数値だけでなく、作物責任者などの人づくりにも大きく影響する。
- 問題点が見えないと改善は進まない。「原価の見える化」により、事実をしっかり把握し、感覚の改善から、「成果の出る」着実な改善へ変えていく必要がある。
- 高度な農業経営の第一歩は「原価の見える化」。原価や問題点を、数値で見える化し、従業員を巻き込んで改善を進めることが重要。
- 農産物別の収益性差異、圃場別差異、作業時期別差異、計画と実績の差異の「見える化」効果は、単年の成果だけでなく、持続的な改善基盤となる。翌年度に反映した改善計画が新たなレベルアップした標準になり、収益性が継続的に向上する。
- 社員が指示待ちではなく自ら考え、正しい行動がとれることが理想。経営者である自分が正しい指示を出せることが信頼につながる。そのためにも、工程管理、作業管理が必要。
- ２年間の「見える化」活動を通じて基準になるツールが完成。ツールを活用して社内で活発に議論して、「熟練者のノウハウを大いに引き出し、従業員へ教育訓練することに注力していきたい。」
- 父から子へ「経験・カン」を「データ」として蓄積することで技術伝承が可能。

第１章　まとめ

- 地方都市は、補助金がなくなると農業を継続できない人が増えるリスクを抱えている。
- 自治体の役割として、中長期を見据えての高度な農業経営支援の取組みが重要。
- 土地利用型農業の重点管理指標は、「面積当たり収益性（粗利益÷圃場面積）」が有効。
- 収益性向上のためには、原価と収益構造を見える化し、課題解決することが重要。
- 家族経営で当たり前にできていた標準化が、大規模化した企業的農業経営では難儀していて、標準の徹底による改善余地は大きい。
- 農産物別標準マスタデータ（標準使用量・作業時間、作業タイミング）の整備は、作成に労力を要するが、標準をベースに改善について議論・認識合わせする効果は大きい。
- 繁忙期の仕事量を見える化し、全員で問題点を共有し、解決案を検討することは有意義で、意外なアイデアマン、ポジティブマンを発掘することがある。
- 前年比、計画比を算出・把握するうえでも、実績データ収集は重要だが、繁忙時は日報記入忘れ、データ入力忘れなど、難航することもあるので、日々の確認フォローが重要。
- 農業生産者が使いやすい、効率的な実績データ収集（作業日報）システムの開発に期待。

第2章

ムダを削減し改善する

〈久留米市：施設利用型農業の改善事例〉

1 ムダを発見する

白浜健次郎は、福岡県の施設野菜農家で、30歳。関東の国立大学農学部を卒業してオランダで1年間の農業研修後、実家の白浜ファームで施設利用型農業を継承し、7年目を迎えていた。白浜は、挑戦的で改善意識は高いが、改善の進め方、やり方に苦戦し、従来からの慣行農業を継続していた。

白浜ファームは、福岡県南部の久留米地区に簡易パイプハウス60棟以上を保有し、生産している農産物は、ハウス栽培で播種《はしゅ》から約1カ月ほどで収穫できる短サイクル（年7回転程度）のニッチ野菜がメインで、売上高全体の90％を占める。ハウス土耕での栽培・収穫後、洗浄、冷蔵保管し、選別して、検量、調整・個包装し、12袋単位の箱梱包後、冷蔵・保管して、出荷量全体の90％をJA経由で大阪市場に出荷していた。従業員は栽培担当の社員3名、調整・包装工程のパート7名、海外実習生4名の計14名。ベテラン作業者を中心にこれまでも工夫を重ね、効率化を図ってきた。

白浜ファームは、施設利用型農業の特徴である調整・包装工程が能力上のネックで生産量を増やせない状況が続いており、**労働生産性向上が課題**となっていた。

調整・包装工程では、ベテラン作業者が黙々と作業しており、一見無駄が少ないテキパキした効率的な作業に見えるが、コンサルタントの私は、まず、**ものの流れに着目**した。

収穫後、洗浄工程で水洗いされた農産物は、一度アミ籠に入れられ、冷蔵庫で保管される。冷蔵保管で水切りされた農産物は、冷蔵庫から選別台の上に置かれ、アミ籠から出された農産物は、調整選別後に再度、アミ籠に入れて冷蔵保管されていた。

〝農業あるある〟だが、何らかの事情で、ある一塊単位の1バッチをまとめて作業するバッチ作業が効率的と考えることが多い。しかし、この作業方法では

農産物へのタッチ回数が多いことや、ものの流れでみるとアミ籠への出し入れ作業がムダな動きであることがわかる。この出し入れ作業が、選別・調整、個包装、箱梱包で発生していた。また、同じく冷蔵庫からの出し入れ、往復運搬もムダな動きとなっていることが判明した。

皆で集まって作業することは、和気藹々とした雰囲気で、一見良いことに思えるが、実は一番遅い人のペースに合わせて作業しがちで、多くのムダを生むことにつながりやすい職場環境であった。こうした職場では、作業ペースが速い人が、作業が遅い人の作業完了を待つ姿が散見される。

商品の品質面からみても、現状の流し方では、農産物へのタッチ回数が増えるので品質リスクが多く、良い作業方法とは言えない。農産物に人の手が触れるほど品質低下リスクは増える。これはフードバリューチェーン全体でも同じことが言える。**工程数が増えれば増えるほど、また運搬回数、経路・拠点数が増えるほど、品質低下リスクは増える。**

シンプルイズベスト、コンパクトイズベストの思想で工程・作業設計が必要である。

私は白浜社長に、現状について、ものの流れのチャート図や写真、測定した作業時間表を見せ、問題点を共有した。

「チャートの矢印記号は移動・運搬を表しています。工程・作業ごとに矢印記号があり、ムダな移動が多いことがわかるでしょう。移動・運搬は価値を産まないムダな作業の象徴と思ってください」

「移動・運搬の後の一次仮置きにも注目してください。仮置きも価値を産まない作業の象徴です。しかも農産物を仮置きすることで、結果的に農産物を常温帯にさらすこと2時間。品質低下リスクも増えるしね」

白浜社長は、ものの流れチャート図を見て、即座に理解を示し、クイックヒット改善をその場で検討し実行した。その日のうちに、近くのホームセンターに行き、必要なものを買い出し、パパっと手作りで改善していった。

ものの流れチャート図

工程	記号	内容
洗浄工程作業場	⇨	収穫後洗浄職場へ運搬
	▼	一次仮置き
	⇨	洗浄作業場へ移動
	●	洗浄
	▼	一次仮置き
	●	もみ洗い/水切り
	⇨	一次仮置き場へ運搬
	▼	一次仮置き
工程間移動	⇨	冷蔵庫へ運搬
冷蔵庫	▼	貯蔵
工程間移動	⇨	調整工程へ運搬
調整工程作業場	○	束をバラにする
	▼	一次仮置き
	●	選別作業、箱入れ
	▼	一次仮置き
工程間移動	⇨	袋詰め工程へ運搬
袋詰め工程作業場	●	選別作業
	●	袋詰め
	▼	一次仮置き
工程間移動	⇨	袋とじ工程へ運搬
袋とじ工程作業場	○	袋を複数個袋とじ機前に移動
	▼	一次仮置き
	●	袋とじ作業/発砲スチロール箱に入れる
	▼	一次仮置き
工程間移動	⇨	冷蔵庫運搬
冷蔵庫	▼	一次仮置き
工程間移動	⇨	出荷置き場へ運搬
	●	出荷

凡例
- ● 価値を生む作業
- ○ 価値を生むための付随作業
- ▼ 一次仮置き
- ⇨ 移動・運搬

2 ムダな作業の概念を共有する

白浜社長から私に「ムダな作業の概念について、従業員との共有が難しい」との相談があった。これも〝農業あるある〟で、ムダな作業の概念について、経営者は理解できるけど、従業員への理解の浸透度が難しく、大きな課題となることが多い。

「作業することが消費者にとって価値を産んでいるか？　で考えてみると、わかりやすい。消費者視点で見て、お金を出してくれる作業か？　で考えてみたらどうだろう」と私はアドバイスした。

また、「スーパーで陳列されている商品をイメージし、主婦目線で、もし自分が商品を購入する立場だとしたら、何の作業にお金を出して購入したいかを従業員に考えさせることがポイント」であることも説明した。

ちょっとした改善アイデアがいくつか出されたので、順次その場で形にしていった。具体的には、ものの流れをシンプル・コンパクトにするため、調整・選別から箱詰め・梱包までを同じ作業者が一貫して作業することにして、農産物のタッチ回数を削減した。一度掴んだ農産物はそのまま調整から個包装までやりきる。個々の作業者への農産物供給と完成した梱包箱の回収には、自重式のコロコン（運搬用ローラーコンベア）を利用した。個々人が個包装するということは、各々の作業者ごとに計量機と袋綴じ装置が必要となり、新たな投資が必要になる。

一般的にはこの投資を出し渋る経営者が多いが、白浜社長の動きは早かった。翌週私が訪問した際は、自重式のコロコンを採用した新しいものの流れでの作業を試行していた。

投資すべきものにはきちんと投資して改善推進を図る、良いと思ったことは直感的にでも走り出すスピード経営、試行して問題点があれば、さらなる改善へつなげる。白浜社長の長所が発揮された。クイックヒットの、ひとつひとつの作業で見れば小さな改善ではあるが、改善を着実に積み上げて少額投資で１５８％の生産性向上を達成した。

3 改善活動を展開し、成果を拡大する

改善試行すると、新たな問題点が浮き彫りになった。今回の改善では、誰が何袋作業したかわからなくなるとの声が熟練作業者から挙がった。**熟練作業者は自分の実力を見えるようにしたい**のである。改善により、作業者に競争心を植え付けることができた。この新たに発生した問題点には、完成した梱包箱に各作業者の名前入りカードを入れて、冷蔵保管する前にカードを回収して対応した。**カード枚数が個人出来高になる仕組み**である。また自分の名前入りカードを入れることで、副次的な効果として作業の品質レベルが向上した。**作業者の責任感が向上した**のである。

ひとつの改善が次の新たな改善を誘発し、良い方向に進み出していることを実感した。作業現場からは、アミ籠の高さが高いため、1籠に農産物を入れ過ぎてしまうと、農産物がくっついて、からまりやすく作業しづらいとの問題点

が挙がるようになった。

白浜社長はこの声にも迅速に反応した。高さが低い新しい籠を購入して、強制的に農産物の入れ過ぎを防止し、現場の声に即対応した。その効果として、農産物のからまりを外す作業が減り、作業がやりやすくなったとの声が現場作業者から聞かれるようになり、格段に生産性が向上した。からまりを外す作業は価値が低いということに気づき、現場の声に対応した白浜社長の迅速な投資意思決定により、すぐに効果を刈り取るという良い改善サイクルが確立されていった。

従業員の私を見る目も変わってきた。否定的に何か面倒なことを指摘する人から、何か良い方向に変えてくれる人、作業を楽にしてくれる人、期待感が持てる人へ、見方が変わってきたようである。こうした変化は、長年コンサルタントをやっていると、現場での従業員の挨拶やお辞儀の仕方でわかる。

改善後しばらくして現場の様子を見に行くと、熟練者がスルスルと近寄ってきて、私につぶやいた。

「ここを変えたんだけど、どう？」

従業員自身が考えて実行した改善案に意見を求められた。

「良いじゃない。もっと楽に作業するために、いろんな角度から見て、もっと工夫してみては？」

改善案の称賛に加えて、もっと作業が楽になるちょっとしたヒントを与えてみた。最初はポカンとしていたので、「農産物をこの角度で置く目的は？」と尋ねてみると、「以前からの習慣で、何となく」との回答が返ってきたため、「自分でやりやすいように工夫しても良いよ。品質リスクがなければ自分で改善してもOKだよ。自分で持ちやすい角度があるよね。迷わず1回で置けて、取る時に持ち替えしない置き方を考えてみて。作業方法を改善する時には、現状の問題点と改善案を考えた根拠を社長に報告して許可をもらって」と、アドバイスした。

改善のキーワードは「一発化」である。作業は何でも1回で、が合言葉になった。

「そもそも、なんで農産物はからまるのだろうか？　最初から農産物がからまなければ、からまりを外す作業が発生しないよね」

私が発したちょっとしたつぶやきにより、農産物のからまりを少なくするアプローチとして、冷蔵庫の冷気にも着目するようになった。従業員自らが冷却時間や冷気を当てる場所や角度の違いから、葉の乾燥状態が異なり、作業性にも影響することを従業員がメモして、問題点に気づいて、改善提案してくれるようになった。

活性化した改善活動は、痛しかゆしの部分もある。今までの作業方法、作業ペースに慣れたベテラン作業者が数名離脱していった。残念なことではあったが、白浜社長は一貫して改善に前向きな人を中心に改善活動を推進し、改善スピードを緩めることはなかった。

4 効果的な機械化・自動化を推進し、生産能力を維持・向上する

白浜ファームでは、細かな作業改善を1年間進めた上で、最終的には、包装の自動機を導入し、収穫後工程の能力アップ200%を図った。能力アップを確認して圃場を拡大し、売上高をアップして収益を拡大することで、設備投資分の減価償却費を回収するという作戦だ。

こちらも〝農業改善あるある〟で、現状の作業方法のままで設備導入すると、高額な設備投資が必要になるケースが多い。設備メーカーは、現状の複雑で面倒な作業を前提に設備開発し、農業生産者は高額な設備償却費を伴う設備を購入することになる。設備導入は補助金を活用するケースが多く、導入前の作業改善は手付かず状態のことが多い。補助金を活用するにしても、同じ金額を自己負担するなら、**現状の作業を改善してムダな作業を減らし、時間出来高増加、配置人員削減をねらえる、より生産性向上が期待できるハイスペックな**

設備を導入すべきだろう。

設備導入を伴う改善のポイントは、まず現状の作業を改善し、ムダな動きをスリム化・改善したうえで、どうしても必要な、繰り返し性の高い作業のみ、設備化すべきである。

改善には終わりがない。設備導入する前に現状の作業方法を改善するというひと勝負があり、設備導入後もねらった期待成果を出せないか？　期待以上のパフォーマンスを出すための工夫はできないか？　といった、常に現状の作業方法を改良する姿勢や改善を考えることが重要となる。農産物の置き方、農産物の持ち方ひとつひとつに改善の可能性・改善余地がある。

ちょっとした問題点でも積上げれば改善効果は大きい。

「この農産物はここに置くのが正解か？　そもそもこのタイミングで手に持つことが正解か？」

「なぜ今？　なぜこのタイミングで？　なぜこの方法で？」

「一発で位置決めするためには？」

経営者も従業員と一緒になって改善検討し、作業しづらい点があれば、経営者も率先垂範で、作業方法を見直すべきである。

改善のキーワードは「現状の0ベース思考」「一発化」「シンプル」「コンパクト」である。あえて、現状の作業方法は問題だらけ、の思考でみると問題点が浮き彫りになり、良いアイデアが浮かんでくる。

経営者は、設備改善を従業員と一緒に推進すべきである。機械系が苦手な経営者も、決して設備から逃げてはいけない。経営者が機械に詳しくなると、次回以降の設備導入が効果的になる。余分な機能を見定め、より安く、より成果が期待できる設備を選択することが可能になるのだ。また、不具合情報を設備メーカーに的確に説明でき、早期の成果獲得が期待できることが多い。設備メーカーも、社長自らが動いた場合には、対応スピードや対応内容が変わってくる。また経営者が設備に関わることで、従業員が設備を大事に使うようになるメリットもある。

実際、白浜ファームにおいても、日々の設備メンテナンスや清掃方法の運用マニュアルが整備され、安定生産が維持された。３年経っても設備はピカピカで導入時と同じ能力を維持している。設備に異常があったら、その兆候も含め担当する従業員が即座に把握し、設備メーカーのアドバイス・支援を受けながら重大故障の前に対応できている。

5 改善活動をシンカさせる

改善活動は、経営者が従業員と一緒に改善検討することが重要である。経営者が調整・包装工程の改善活動にタッチすることのメリットは3つある。

ひとつめは、**現状の標準作業の変更や投資判断など重要な意思決定がすぐに実行できる**ことだ。

2つめは、出荷前の農産物状況を把握できることから、**前工程の栽培担当と実態感を持って情報共有でき、包装工程と栽培部門の橋渡し的な役割ができる**ことが挙げられる。

さらに3つめは、**経営者が現場の改善活動に関わることにより、従業員を褒めやすくなる**ことだ。現場を見て、現場での成果を、事実をベースに具体的に褒めることができる。経営者が従業員の働きぶりをきちんと見て貢献度を評価するということは重要だ。経営者自身は、普段からちゃんと現場や従業員を見ているつもりでも、大概は評価される側にとって不満はつきもので、現場の従業員は概して、経営者はたまにしか現場に来ないのに適正な評価はできるものか？　と思っているものだ。

経営者は月に一度で良いので、各作物担当者と現場で会話することを推奨する。経営者と作物責任者の同行現場訪問の場面で「この作業はなぜこの作業方法をしているのか？　ベストな方法は何か？」と問うことは、経営者が現場に出て、ムダに敏感になり、改善を推進することに繋がる。それによって、従業員も同様な感度を身に着け、ムダに反応できるようになり、改善が加速度的に進むようになるのだ。

私は現場に出向いたら、ホワイトボードを見るようにしている。**現場で使っているホワイトボードを見れば、改善活動レベルがわかるため**である。

●誰が見ても現場の状況が一目瞭然にわかるようになっているか？

●ＱＣＤ（Ｑ品質：農産物の状態など、Ｃコスト：目標とする作業時間など、

D納期：出荷時間、出荷量・在庫量など）に関しては、意味のある、目的が明確な情報を管理しているか？

●従業員自身使いこなす工夫をしているか？

ホワイトボードを使いこなしていると、得てして使用頻度が高い内容は、マグネットを活用したりして工夫のあとが見られる状態になっているものだ。

経営者が現場を自分の眼で見る、改善状況を確認することは重要である。**現場の課題を自分の眼で把握することが一番の目的であるが、経営者が自分たちを見てくれている、わかってくれているという安心感・満足感が従業員に醸成され、経営者と従業員との信頼関係が生まれる**のである。

現場に改善活動を根付かせるためには、まず経営者自らがムダを発見し、改善できるようになるのが近道である。経営者が従業員と一緒になって、問題発見して知恵を出し、改善を進めてムダを省く。**改善は、高価な農機やシステム導入だけでなく、地道な一歩からスタートすべき**である。やれることはたくさんあるのだから。まずは現場に出て、従業員と一緒に「なぜ？」を繰り返してみよう。疑問点はたくさんあるはずである。

個々の作業改善で地道にアイデアを形にして成果を実感し、機械化・自動化に〝進化〟させつつ、改善活動を持続的な組織文化として根付かせ、〝真化〟させることで、本当の意味での「強い農業生産組織」を構築できる。

白浜ファームは、白浜社長の持ち前の、挑戦的で明るく前向きな性格と熟練作業者の頑張りもあり、改善実行→成果創出の改善サイクルが回り出してきた。天候不良・災害の影響により、まだ一進一退の部分もあるが、調整・包装工程において、少しずつ改善体質が染みついてきた。次は栽培担当の番である。一歩一歩改善対象を拡大中である。

従業員に仕掛ける。

- いろんな角度から追加で工夫を考え、以前からの習慣で何となくの作業を対象に、ブレークスルーできないか改善検討すると大きな成果につながりやすい。
- 「なぜこの作業方法？」「そもそもなぜこの作業が発生？」ちょっとした疑問を、問題点の発見、改善検討に活かす。
- 改善に前向きな人を中心に改善活動を推進し、改善スピードを緩めない。
- 小さな作業改善を１年間進めた上で包装機を導入し、収穫後工程の能力アップ200%。
- 設備導入する前に現状の作業方法を改善、設備導入後も狙った成果を出す、期待以上のパフォーマンスを出すための工夫はできないか？　常に改善を考えることが重要。
- 改善のキーワードは「現状の０ベース思考」「一発化」「シンプル＆コンパクト」。
- 経営者は、設備改善から逃げないで、従業員と一緒に改善推進すべき。
- 経営者が機械に詳しくなると、次回以降の設備導入が効果的（余分な機能を見定め、より安く、より成果が期待できる設備を選択可能）になる、不具合情報を設備メーカーに的確に説明でき、早期の成果獲得が期待できる。
- 経営者が設備に関わることで、従業員が設備を大事に使うようになり、設備メンテナンス・清掃方法の運用マニュアルが整備されて、安定生産が維持される。

第２章　まとめ

- 施設利用型農業は、収穫後の調整・包装工程が能力上のネックになりやすく、労働生産性向上が課題になることが多い。
- バッチまとめ作業は、農産物のタッチ回数が多く、非効率で、品質面でも課題がある。
- 工程・作業設計において、農産物へのタッチ回数（仮置き、運搬・移動、荷姿変換など）は極力削減すべき。フードバリューチェーン全体を俯瞰してみると改善チャンスは多い。
- 工程・作業設計は、シンプル＆コンパクトイズベストの志向で考える。
- ムダの概念は、「作業することが消費者にとって価値を産んでいるか？　で考えてみると、わかりやすい。
- 農産物のタッチ回数を削減する（品質低下リスクを削減する）ために、一度掴んだ農産物はそのまま個包装までやりきり、仮置きしない。
- 移動・運搬を減らすために、個々の作業者への農産物供給と完成した梱包箱の回収には自重式のコロコンを利用する。
- 少額投資のクイックヒットでも小さな改善の積上で158%の生産性向上を実現。
- 熟練作業者の改善活動巻き込み策として、自分の実力の見える化、競争心を植え付ける取組みは有効。
- 経営者、現場責任者は、意識的にひとつの改善が次の新たな改善を誘発するようにあえて現状の作業方法に疑問点を持って、

- 経営者が改善活動にタッチすると、現状の標準作業の変更や投資判断など重要な意思決定が迅速化。
- 経営者が出荷前の農産物状況を把握することは重要。栽培担当との情報共有を、実態感を持ってでき、包装工程と栽培担当との橋渡し的な役割もできる。
- 経営者が改善活動にタッチすることで、現場を見て、現場での成果について、事実をベースに、経営者が従業員を具体的に褒めることができる。
- 経営者が現場に出て、ムダに敏感になると、従業員も同様な感度を身に着け、ムダに反応できるようになり、改善が加速度的に進むようになる。
- 現場で使っているホワイトボードで改善活動のレベルがわかる。目的が明確な情報を管理しているか？　従業員自身使いこなす工夫をしているか？　がポイント。
- 現場に改善活動を根付かせるためには、経営者自らがムダを発見し、改善できるようになるのが近道。
- 改善は、高価な農機やシステム導入だけでなく、地道な一歩からスタートすべき。
- 改善は、経営者が、自ら現場に出て、従業員と一緒に「なぜ？」の繰り返しからスタート。疑問点はたくさんあるはず。
- 個々の作業改善で地道にアイデアを形にして成果を実感し、機械化・自動化に「進化」させつつ、改善活動を持続的な組織文化として根付かせ「真化」させることが重要。

第3章

販売を意識した生産

＝商品特性を考慮したフードバリューチェーン全体視点での取組み

1　フードバリューチェーン全体で価値向上を考える

農業の王道は、農産物の品質向上であることは言うまでもないが、過剰品質である必要はない。品質は、需要サイドが価値を認めてくれて価格に反映できることが重要である。必要以上に品質基準を厳しくしすぎて選別工程で歩留まりを悪化させる必要はない。コストアップになるだけで、誰も得をしない。

それはすなわち、**品質基準を甘くするのではなく、顧客の要求水準にあった、適正な品質基準にすべき**ということである。

川下工程・需要サイドの要求事項を反映した品質基準を作り、品質基準に則した作業標準にもとづく作業を徹底すべきだ。川下の需要者が必要としていない作業は全くのムダであり、価格としても反映しにくいからだ。

例えば、一生懸命、農業生産者が袋詰めし、納品していたとしても、川下工程が食品工場の場合には、逆に食品工場において袋出し作業を増やすことになってしまうようなことも多々ありうる。この場合、フードバリューチェーン全体でみると、個包装袋の資材費とその作業に関わる労務費は、コストアップ要因でしかない。**個々の作業の生産性向上の改善を検討する前に、フードバリューチェーン全体を俯瞰し、価値ある作業とは何か？を自問して、現状の工程・作業設計を見直すべきである。**このフードバリューチェーン全体を俯瞰して考えることは、ひとつの工程しか担当していない従業員には難しいので、経営者の役割であることを認識してもらいたい。経営者は自分の商品である農産物の価値とは何か？　フードバリューチェーン全体の工程・作業を把握すべきである。

そのためには、川下の需要サイドのニーズを的確に捉える必要があり、需要サイドとの直接取引が重要な意味を持つことになる。**需要起点のバリューチェーンを構築すると、需要者の工程・作業を理解することで品質条件を把握し、ムダな作業自体を削減できたり、新たな価値を付加できることもある。**

第2章で紹介した福岡県白浜ファームの事例だが、これまでのJA経由の大阪市場向け出荷だけでは需要者のニーズ把握が困難であった。地元ホテルと直接取引を開始したことで、需要者であるホテルレストランのニーズをヒアリングにより把握することができるようになった。レストラン向けの商品に農産物の葉は不要であることがわかり、実のみを商品化し、レストランでする作業を生産者側で処理して価値向上を図って価格アップが実現し、葉の調整工程削減や農産物歩留向上などによって能力アップと原価低減を可能にする、収益向上の両立を図ることができたのである。

経営者が川下の作業やニーズをきちんと把握して工程基準や作業設計を対応することが、収益性向上につながった事例である。

「スーパーで購入する一般消費者も葉が不要かもしれない。もっと消費者の声、ニーズを把握したい」

「包装仕様を変えて作業性を追求できないか？　高級感、視認性を演出しブランド化できないか？」

地元ホテルとの直接取引は、白浜社長のマーケティング意欲を掻き立てることになり、現場の改善活動に加えて、新たな取組みとしてフードバリューチェーン全体の工程設計の最適化がスタートしたのである。

2　0ベース思考、目的追及で改善する

販売を意識した生産の検討ポイントは、「需要サイドの声を聞く」ことである。需要者の要求事項は何か？　昨今では、ＳＤＧｓ的な視点での取組みも評価されるケースがある。これも福岡県白浜ファームの事例であるが、夏場に鮮度維持のために使用していた発砲スチロール梱包が改善対象となった。目的は鮮度維持であるならば、最適な手段は何か？　既存の方法を0ベースで見直すべきである。このように目的を明確化し、フードバリューチェーン全体で最適な手段を検討することで、革新的な生産性向上、品質向上が期待できることがある。

コールドチェーンが行き渡っている現在でも、以前からの慣行的梱包が本当に必要だろうか？　現状の荷姿は誰のニーズに対応した仕様・基準なのか？を再度確認し、改善検討すべきである。発砲スチロールは資材費が高く、資材

の保管面積の確保も必要で、最終的には需要サイドで発砲スチロールの廃棄コストもかかる。また、廃棄に伴う環境負荷が高く、運搬効率も低い。ＳＤＧｓの観点で評価すると、見直す余地が大いにあり、コスト面からみても、資材費、労務費ともに大きな削減余地がある。

これまでの慣行を変えるのは、社内・社外の関係者を含め、調整が大変であるが、目的は何で、ベストな作業方法、品質基準は何か？　を、需要サイドとともに追求すべきである。改善効果は誰のものか？　という壁にぶつかることもあるが、改善効果は需要サイドと折半にし、価格反映しても、それを上回るコストダウンを実現し、収益改善を図りたい。

3 需要サイドと連携して改善する

取組みと成果の改善実行計画を需要サイドと共有し、必要に応じて協力して改善推進することも考えたい。フードバリューチェーンの強靭化を目的に、需要サイドと連携して改善に取組み、成果の独り占めは考えない。連携して改善推進することで大きな成果が期待できることもある。品質条件合わせ、納入荷姿の最適化など農業生産者だけではできないこと、需要サイドだけではできないことも、連携して取組むことによって、ＱＣＤレベルアップを図り、フードバリューチェーン全体の強化につなげることが可能になる。

また、供給サイドとして、時期別の需要量を、需要サイドと連携して把握したい。せっかく生産しても出荷できず在庫で保有、または農産物は消費期限がタイトなのが難点であるがゆえに、廃棄になると、それもまたコストアップ要因になり、フードバリューチェーン全体のコスト競争力を弱体化することになる。そのあたりの実情を需要サイドにきちんと説明し、需要量の共有化の重要性を互いに認識し合い、フードバリューチェーン全体での取組みにより、連携して競争力向上を図っていくべきである。**生産者の改善はフードバリューチェーン全体の強化につながり、改善成果は後々需要サイドのメリットにもなるは**ずであることをお互いに確認して取組みたい。

需要量の共有化は生産者にとって重要な情報ではあるが、需要サイドも簡単には教えてくれない。**農業生産者と需要サイドのダントツの信頼関係構築がベースとなる。**

ダントツの信頼関係とは、お互いの課題を共有し、その解決に向けて真摯に協力し合える状態、勝ち組のフードバリューチェーンになるための運命共同体と言える。農業生産者は、原価情報を丸裸にすることになるし、農産物の作付・成長の進捗報告も逐次することになる。原価情報はさておき、現状でも農産物の成長報告は逐次しているはずである。今と変わらないのであれば何も恐れることはない。運命共同体として、一緒に連携して課題解決に取組むべきである。

具体的には、**時期別の需要量の共有と目標原価、その目標原価達成のために連携した改善施策の共有**である。フードバリューチェーンのQCDレベルアップ（Q：品質向上、C：コスト低減、D：鮮度維持・適正在庫・短リードタイム化）のために、いつまでに何を取組むべきか？ を一緒に検討し、お互いの知恵を出して改善し成果を出す。改善による成果は折半にして、コストダウンを含む取引価格反映と安定調達、シェア奪取による売上増大など、お互いの成長、拡大再生産につながるようにすれば良い。もちろん、あくまでも**フードバリューチェーンの仲間内のWin－Winの関係**でということが大前提だ。

農業生産者として、ここで考えないといけないのは、取引先の選定を間違わないことである。フードバリューチェーンの根幹となる需要サイドの需要量がブレてしまうと、農業経営の前提が成り立たなくなるためである。また唯我独尊的な需要サイドの振る舞いがある場合は、留意が必要である。無理のあるコストダウン要求、供給量の急な変更・押し付けは、中長期的には良好な信頼関係が破綻するリスクをはらんでいると考えたほうが良い。

認識で、農業生産者は原価情報の丸裸も覚悟し、農産物の作付・成長の進捗も逐次報告して、需要サイドと連携して課題解決に取組むべき。

- Win－Winの関係構築では、取引先の選定に留意する。フードバリューチェーンの根幹となる需要サイドの需要量がブレてしまうと全体の前提が成り立たなくなる。

第３章　まとめ

- 需要サイドが価値を認めてくれて価格に反映できる品質向上が重要。必要以上に品質基準を厳しくしすぎて、選別工程において歩留悪化を招くコストアップに留意する。
- フードバリューチェーン全体を俯瞰し、価値ある作業とは何か？　を自問して現状の作業設計を見直すべき。
- 川下の需要サイドのニーズを的確に捉えるためには、需要サイドとの直接取引が重要な意味を持つ。
- 販売を意識した生産の検討ポイントは、「需要サイドの声を聞く」こと。
- 目的を明確化し、フードバリューチェーン全体で、現状の「０ベース思考」で、最適な手段を検討することで、革新的な生産性向上、品質向上を図る。
- 改善効果は需要サイドと折半にし、取引価格低下に反映しても、それを上回るコストダウンを実現し、収益改善を図る。
- フードバリューチェーンの強靭化を目的に、需要サイドと連携して改善に取組み、生産者による成果の独り占めは考えない。
- 需要量の共有化の重要性を互いに認識し、フードバリューチェーン全体での取組みにより、連携して競争力向上を図っていくべき。
- 生産者の改善は、フードバリューチェーン全体の強化につながることを需給両サイドでお互いに確認して改善に取組むべき。
- フードバリューチェーンの勝ち組になるための運命共同体の

第4章

管理の仕組みを作る

＝誰が、何を、どのように管理するのか

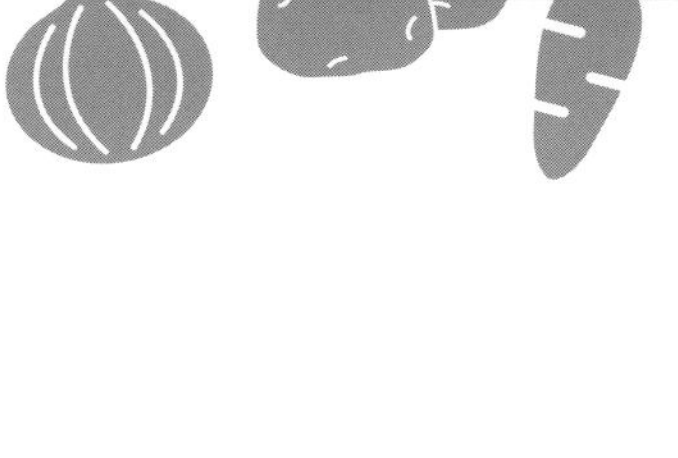

1 管理とはＰＤＣＡサイクル

改善でいろんな取組みを進めると、管理することが重要となる。改善活動そのものの進捗管理は重要であるが、改善により成果が創出できているか？ の確認も重要である。

管理とは、Plan—Do—Check—ActionのＰＤＣＡサイクルを回すことである。経営、栽培、加工・製造、販売の各機能部門や各々の階層ごとに、求められる管理内容は異なるが、管理の基本はＰＤＣＡサイクルを回すことである。

Plan　いつまでに、どのような状態を目指すのか？
　　　何をいつまでに実行するのか？
Do　　どのように実行するのか？
　　　実行のための準備事項は？

阻害要因とその対策は？
着実に正しく実行するためのポイントは何か？
Check　状態目標、行動目標は達成できているのか？
Action　目標未達の要因は？
要因に対して改善策は？　次善策は何か？

現場が強い会社は、このＰＤＣＡサイクルの仕組みがあり、しっかり機能していて、管理者だけでなく、従業員全員が重要性を理解し、行動して仕組みを機能させ運用できている。

ある６次産業化を推進している会社の事例であるが、朝礼の情報共有会で、栽培部門が年度計画に対しての進捗状況（遅れ発生）を報告する場面があった。

栽培遅れの問題が発生したため、要因とともに挽回策を報告し、要因の対策は次年度計画に反映することにした。栽培遅れは加工・製造部門にも影響するため、明確な数値で、どの程度の影響があるのか？　挽回策の見通しと、その妥当性の説明が、気候変動リスクの分析と併せてあった。

農業は、気候など外部要因の変化が激しく、ＰＤＣＡサイクルが機能している会社がほとんどない。何かというと、気候変動を言い訳にするケースが多い。

たしかに自責以外の要因が多いのも農業の現実ではあるのだが、**他責にせず、前向きに現実をとらえて対策を適切に実施できるのが強い農業経営体の証しでもある。**

おなじみの〝農業あるある〟だが、標準が整備されていないため、経営者の当り前を共有できずに、対応が後手後手となり、損失を生んでいるケースが多い。経営者から「何でこんなことに気づかず、報告がないのか？　報告が遅れるのか？」という声を聞く機会がなんと多いことか……。

そういう時に私は、**「変化・変動に気づかない従業員を嘆く前に、当たり前をきちんと標準化して共有し、その上で管理すべき。作業者によって当たり前の認識は異なって当然。標準化・管理の仕組みを構築していない経営者自身の責任ですよ」**と、経営者にアドバイスしている。

まずは経営者自身がＰＤＣＡサイクルの重要性・基本を理解し、行動すべきである。従業員は経営者を手本にするのだから、「まず隗より始めよ」である。経営者が気候変動リスクを考慮し、その兆しの見方、対応方法を標準化し、教育するなど、農業経営者としてやれることはたくさんある。気候変動を先読みし、朝礼などでリスクの兆しの話を少しするだけでも従業員の感度は研ぎ澄まされる。

また言いっ放しで終わるのではなく、兆しに対するフォローも重要である。どのように対応し、結果どうなったか？　経営者として、従業員個人がＰＤＣＡサイクルを回すお手伝いをしてあげることも重要である。手取り足取り世話を焼き過ぎかもしれないくらい十分にファローすべきである。

その結果として、**従業員個人が、セルフで管理できるようになった現場は変化対応に強くなる。**

2 農業における管理の困難性

農業生産は、通常のものづくりと異なり、自分でコントロールできない要因で発生する問題が多く、計画や標準を作っても意味がないという人が多い。たしかに災害レベルの時は、人間の無力さを感じるが、毎回災害が発生するわけではない。うまく対応できたはずなのにできてない、タイミングが遅れて対応したケースやタイミング遅れの対応で問題が発生したケースの方が圧倒的に多いはずである。うまく対応できなかった時に、できない言い訳ばかり（いわゆる愚痴）を言っていることに気づいていない人がなんと多いことか。

農業生産者は、言い訳を上手に説明できたところで収益性が向上しないことに気づくべきである。

農業は問題が表面化した時点では後戻りがきかず、気づいた時点では、対応が手遅れになっていることが多い。**農産物の成長プロセス別の栽培標準を整備**

し、想定される問題点を特定して、問題点の早期発見・早期対応を心掛けたいものである。

　またまた〝農業あるある〟だが、年1サイクルの農産物の場合、ある問題が起こったとしても、翌年まで同じ状況になることがないので、1年前のことは忘れがちである。よくよく分析すると、同じ条件が揃った時に類似の不具合現象が何度も発生していることが多い。**過去の不具合をきちんと振り返り、改善すれば再発を防げることが多い。**きちんと改善し再発防止できている会社と、改善できずに、言い訳に終始する会社の収益性の差は歴然としている。

　栽培工程の標準化を進め、管理を充実化すると、「問題発見力」、すなわち標準との違いに気づくようになる能力が向上し、改善も進んでくる。

　〝農業における管理あるある〟で言えば、調整・包装工程の労働生産性向上を図ると、改善の最後は農産物の品質向上に行き着く。調整・包装工程の作業のしやすさは農産物の出来映えに強く影響されるため、農産物の品質向上を図り生産性向上につなげられる。

再び白浜ファームの事例になるが、例えば50袋／人・時が標準の包装工程において、ある日の作業生産性は40袋／人・時の実績で、80％の生産効率の職場があった。標準と比較し20％生産性が低下している要因を確認すると、冷蔵保管時の乾燥方法による農産物の状態や個包装袋の材質、不慣れな作業者などの様々な問題点の要因が確認された。この要因を職場でひとつひとつ改善し生産性向上を図っていくと、最後に農産物の品質問題が残った。

「葉のからまりは改善したが、そもそもの農産物の出来が悪いと選別に時間がかかるなぁ。私たちの改善対象範囲外だわ。栽培担当にもこの事実を知って欲しいわ」

農産物の品質が悪い夏場には、調整・包装工程の従業員からの嘆きが続いた。

当たり前であるが、**農業の安定収益確保の一番の近道は、農産物の品質向上**である。そのため、白浜ファームの調整・包装工程では、日々の労働生産性に加えて、圃場・収穫日別の農産物の品質評価も実施し、川上工程である圃場の栽培・収穫担当者に農産物の品質評価結果をフィードバックして、農産物の品質改善を促進した。管理を充実化して、改善の横展開を図ったのだ。最初は、栽培工程側の圃場担当者は反発していたが、評価されると人間はもっと良くしようと頑張るものである。徐々にではあるが、圃場担当者も巻き込んだ改善活動となってきた。

「今日収穫した農産物の出来は良かったでしょう」

調整・包装工程の責任者に圃場担当者が自慢げに言った。

圃場での栽培は、気候、土壌、種子・遺伝子など、毎回同じ条件ではないので単純比較はできないが、白浜ファームの改善効果は次年度に現れてきた。前年度同時期と比較し、調整・包装工程の労働生産性が20％向上した。20％改善の要因を探っていくと、作業改善の他に「例年と比べて農産物の状態が良かった」「不良が減って、選別・調整が楽になった。栽培担当者のおかげね」と、調整・包装工程の現場の声が聞かれるようになった。

栽培担当者からも「調整・包装工程からの評価は励みになる、次工程の生の声は具体的で参考になる」「収穫箱の入れ方にも工夫の余地がありそうだ」と改善に前向きな声が聞かれるようになった。最初は不協和音を懸念していたが、ＰＤＣＡサイクルの改善推進で会社はひとつになった。改善活動、管理の充実化により、お互いを褒めあえる文化や後工程がお客様であるといった意識を持つ文化が徐々に根付いてきた。

3 管理レベルを向上しエクセレントカンパニーを目指す

では、どの程度の管理レベルを目指すべきなのか？　以下を参照し、自社を評価してみて欲しい。

【レベル1】

「管理の目覚め」で、標準とは何かを意識し始めた段階。農産物の成長プロセスごとの標準が規定され、現象として標準との違いが客観的に判別できている状態。

このレベル1をクリアできない農業生産者が多い。

【レベル2】

標準からの逸脱について、過去データから要因を特定できている状態。

過去の逸脱情報に加えて、要因検討の情報も重要となる。要因検討は、標準の管理ポイントにもつながる重要な情報である。

【レベル3】

過去から蓄積した情報をもとに要因を特定したうえで、最適な方法で対応できている状態。

問題の現象はいろんなパターンがあるが、要因を集約・類型化することで適正な対応を促進する。現象に対しては、個人の経験値によって様々な対応をしがちだが、蓄積した過去情報をベースに要因を特定し、最適方法をみんなで議論・検討することで、再発防止などの対応パフォーマンスの向上が期待できる。

個人の経験値にバラツキがあると、それぞれの考えが異なるので、対応も違ってくるうえに、意見がまとまらず、経営者、従業員、双方ともに納得感は低くなる。標準整備の過程で、会話し、最適方法を確認し合うなどして、いろいろ問題があることや問題の要因も多いことに気づき、標準の重要性を認識することで、お互いの理解も深まる。

【レベル4】

問題の早期発見と早期対応による改善効果出現と予兆管理が促進されている状態。

予兆管理は、問題が深刻化する前に対応できるので、不具合自体を抑制できる。過去データを前向きに活かしているので、情報収集も促進される状態でもある。

【レベル5】

管理の充実化の結果として、農産物ごと、圃場ごとの収益性を評価し、次期の作付・作業計画に活用できている状態。

負荷集中などによる収穫遅れリスクを回避し、改善による収率向上を勘案した作付計画により、収益の最適化を図る。

このレベルで管理できている農業生産者は少ないが、ここまで管理が行き届くと農業経営者として、いろんな情報をもとに経営できるようになる。

また、従業員も情報・データの重要性を認識し、日報の記録、データの適切な表現を工夫するようになる。情報を扱う側に立ったデータ入力が推進されるので、有益な情報が増え、問題につながる状況を的確に把握し、早期に対応できるようになる。

一足飛びに管理レベル5になるわけではないので、改善活動を地道に、着実に推進し、その過程で管理レベルを向上していきたい。目の前のやれることからコツコツと積み重ねていくことからスタートしていこう。

管理の５段階

レベル	状態	状態評価ポイント	データなど
レベル５	・農産物別の収益構造がわかり、問題点を評価できる ・最適な作付を計画できる	・農産物別の収益性を算出でき、収益向上のポイントを理解できる ・経営資源を考慮し収益最大化を志向した作付計画を策定できている ・必要に応じて経営資源を追加対応している（人・農機）	・農産物別収益 ・経営資源操業度
レベル４	・問題点の予兆を発見でき、問題発生前に適正対応できる	・過去の発生現象をもとに、予兆・要因を特定でき適正対応できている（未然防止）	・農産物別栽培標準（予兆ヒント付き）
レベル３	・適正な対応（手順、方法）方法を実行できる	・特定した要因について、過去の対応方法の中から最適方法を選択できる（再発防止）	・農産物別栽培標準
レベル２	・差異要因が判断できる	・過去の同様な現象やデータから納得性が高い要因を特定できている	・要因検討記録 ・過去データ（不具合要因） ・当該事象必要データ
レベル１	・状態の差異（標準との違い）に気づく	・農産物の成長プロセスごとの標準・基準が規定できている	・過去データ（成長プロセス画像、センシングデータ、マニュアル）

第4章　まとめ

- 管理の基本はPDCAサイクルを回すこと。
- 現場が強い会社は、PDCAサイクルの仕組みがあり、従業員全員が管理の重要性を理解し、行動して仕組みを機能的に運用できている。
- PDCAサイクルの基本は、P（計画）をきちんと作成すること。
- 従業員は経営者を見ているので、まずは、経営者自身がPDCAサイクルを理解し行動して、手本を示すべき。
- 農業は問題が表面化した時点では後戻りがきかず、気づいた時点では、対応が手遅れになっていることが多い。
- 再発防止をきちんとかできているか？　で、会社の収益に差がつく。
- 施設利用型農業において生産能力上のネックは、調整・包装工程になることが多いが、農業の安定収益確保の一番の近道は、農産物の品質向上。
- 改善活動により、お互いを褒めあえる文化、後工程がお客様である、の文化を醸成することが重要。
- 一足飛びに管理レベル5になるわけではないので、改善活動を地道に着実に推進し、その過程で管理レベルを向上する。

第5章

6次産業化で農業を究める

1　6次産業化の目指す姿

金融機関からの紹介で、宮崎県において先進的農業に取組んでいる農業経営体の課題解決を支援することになった。

朝7時、宮崎駅から路線バスに揺られること60分。坂道の上り下りを数度繰り返し、やっとたどり着いた一面畑だらけの盆地地帯。北海道の畑とはひと目で違う、1区画の狭さを感じざるをえない。こんな所に、6次産業化を推進している先進的な農業経営体があるのか？　私の脳裏に不安がよぎる。

6次産業化とは、1次産業としての農林漁業と、2次産業としての製造業、3次産業としての小売業等の事業との総合的かつ一体的な推進を図り、農山漁村の豊かな地域資源を活用した新たな付加価値を生み出す取組みであり、農山漁村の所得向上や雇用の確保を目指した取組みである。

五番農場は、宮崎県山間部で6次産業化を推進する農業経営体で、700以

上の圃場で葉物野菜、根菜を中心に栽培し、収穫後、自社で加工し冷凍保存して需要先のオーダーにもとづき出荷している。外食チェーンをメインターゲットにしつつ、スーパーなど小売事業者にも販売している。栽培、加工・製造、販売、の３つの事業部門を機能させ、従業員は全部門で１００名を超える。

社長の五番広志は、２代目社長のアイデアマンで、自らの信念に基づき、着実に事業を形にして、農業経営を拡大してきた。長男の大介はＵターンで就農し、３年目。専務として後継者候補で経営の一翼を担っているが、まだ事業部門を任せるまでは至っていない。情報システムに強く、官公庁手続きなど事務

処理は効率的に推進するが、農業現場経験の不足からくる自信の無さ、気遣いの少なさ、が五番社長から見て、もの足りなく映っており、日頃から残念に感じている点でもある。長男、身内ということもあり、五番社長は、期待の裏返しで専務に対して他の従業員より厳しい対応になりがちで、親子関係がギクシャクしている。

五番農場の6次産業化は、よくある農家レストランのような「なんちゃって6次産業化」とは異なり、栽培、製造・加工、販売を機能させた、本格的な6次産業となっており、大手外食チェーンをメインの需要先として、製品企画段階から連携し、フードバリューチェーンの中枢を担っている。

まず６次産業化取組みの背景と現状の課題について、五番社長にヒアリングした。五番社長は、６次産業化取組みの背景のひとつとして、海外からの輸入品の存在を挙げた。日本の農産物が、一時的な気候変動などで生産量が減って供給量不足に陥り、**一度でも海外から農産物が輸入されると、翌年以降、海外輸入品からシェアを取り戻すのが大変になる。**外食でもスーパーでも、商社経由で簡単に輸入品を手に入れられる時代になった。商社が入ることでリスクが減り、手配も楽で、海外品の品質レベルが安定してきている、消費者が徐々に海外輸入品に抵抗を感じなくなってきているなど、日本の農業がピンチを迎えているとの強い危機感を持っていた。

また、**農業は一度廃業すると元には戻れない。**

「農地は一年土づくりを怠ると復帰させるのは簡単でないのだから、ＪＡはマンション建設資金の融資に力を入れている場合ではなく、農業生産者のために何をすべきか真剣に考える時だ」と五番社長は語った、また農業生産者の高齢化、農業人口の急減など日本の農業の課題も含めて、熱く語ってくれた。

五番社長は、農業経営体数が半減している実情を示した農業センサスの実態調査などデータも交えて、日本の食糧の安定供給に危機感をにじませていた。農業で採算が取れない、収益性が低いことが問題であるとの認識で「儲かる農業の仕組みづくり」が重要であることから、コスト面でも海外製品に負けないものづくりとして6次産業化を志向していた。

五番社長にとって、**農業の本道は「適地」「適期」「適作」だという基本的な考えをベースに据えて、それを無理なく実現する手段として6次産業化が重要な要素である**と考えている。6次産業化は手段であり目的ではない、との考えが底流にあり、**自分たちは「ものづくり企業」であり、作るものが農産物なのだ**という意識が強く感じられた。

私は「これこそ日本の農業の生き残る術」だと思った。

海外の農産物に、QCDレベルで圧倒的に勝てる、負けないものを作るといった、**品質・安全性だけを売りにするのではなく、コスト面でも勝負できる農**

産物を作れないと生き残れない。
五番社長の農業にかける、この事業にかける、気概を感じた。
流行りの付加価値向上を声高に叫んでみても、最初は良いが継続的に多くの消費者が購入しないと、事業は早晩行き詰まることになる。**トータルコストで勝てる農産物の仕組みづくりのゴングが鳴った**、と私は思った。これからは海外の農産物に総合的に勝てる農業が求められる。製造業で培った改善ノウハウを活かす機会の到来である。
ヒアリング後、私は加工・製造工場を見学した。工場は想像していたより、機械化・自動化が進んでおり、従業員は各工程１名程度。選別・調整の工程も機械化志向で少人化が図られており、これまで見てきた農家の工場とは違う、格段のレベル差に圧倒された。そうはいっても、製造業で改善を推進してきたコンサルタントの私から見ると、まだまだ改善余地はある。「もっと収益向上できるな」「もっと強みを伸ばして成長できる」という気持ちがフツフツと沸いてきた。

2 仮想事業部門の採算の見える化で収益性向上を図る

6次産業化を推進している農業経営体は、ひとつの会社ではあるが複数の事業部門が同居している。この複数の事業部門が、それぞれ高い競争力を維持していることが6次産業化農業経営体の理想ではあるが、各事業部門単位での収益性自体、把握できていないケースが散見される。

〝農業あるある〟のひとつに「どんぶり勘定」がある。**会社全体で儲かっていれば良いという考え方は危険であり、気がつかないうちに競争力が低下するリスクをはらみ、利益を喪失している可能性もある。**6次産業化を目的としてスタートすると、このどんぶり勘定になりやすい。

本来は、仮想でも良いので、各事業部門の採算性と競争力を評価でき、問題点が「見える化」され、課題解決に取組み、競争優位性が発揮されるべきである。

例えば、目標とする指標があって、それを達成する手段として6次産業化に取組んでいる場合、最初に製品の目標コストが設定され、各事業部門の目標コストを展開することになる。目標コストを実現するためには、どのコストを対象に、どの程度削減余地があるかを考える。そしてそのために、現状のフードバリューチェーンの構造を変革する、時には必要に応じて弱点について外注化も検討する、作り方を変える、ムダを減らす、など課題解決を戦略的に考えるようにする。

各部門の採算性を見える化し、収益性向上を図ることは重要である。

ただ、6次産業化の取組みで栽培部門の収益性が向上した話をよく聞くが、実際には加工・製造部門が必要ない農産物を受け入れて、加工・製造部門、場合によっては販売部門は大赤字で、会社としても想定していた利益を確保できていないケースがある。これは事業部門ごとの採算性が見えていない、あるいは、6次産業化は何でも解決してくれる魔法のような存在だと神格化しているような場合に起こりうるケースである。

6次産業化を志向するのであれば、各部門の採算性や競争力を客観的に評価

し、弱点を把握して課題解決すべきである。６次産業化を目的ではなく、手段として位置づけられていれば、６次産業化は最終ゴールではなく、改革・改善活動の入り口、スタート地点に立ったとの認識のもと、課題解決に取組めるはずである。

問題を発見し、課題解決するためにも、まず事業部門の採算性を見える化する必要がある。そのうえで、各事業部門が収益性向上の改善活動に取組むことが重要である。問題が見えないと改善に取組む意識が不足する。数値で成果が見えないとコストダウン活動が持続しないため、部門採算の見える化は重要である。いろんな要因でコストが膨らんでいるとは思うが、まずは自部門で徹底的に課題解決に取組み、コストダウンを図ることが重要となる。

部門採算の見える化に取組む上で、よく課題となるのが、事業部門間取引である。栽培部門の売上高は、そのまま加工・製造部門の原価（材料費）になるので、部門間の取引単価次第で事業部門の採算が左右されることになる。取引単価が事業部門の採算に大きく関わるからといって、例えば原価の積み上げ方式のような取引単価を精緻に算出することにこだわり過ぎて、労力をかけ過ぎないことが重要である。

しかしながら、あまりにも一方の言い分のみで取引単価を決めるのも問題がある。というのは、不公平な取引単価は「改善活動のやる気」を削ぎ、改善を促進しないためである。例えば栽培部門に甘い単価で取引すると、加工・製造部門の原価が膨れ上がり、加工・製造部門の採算性は悪化する。加工・製造部門の収益性低下は不公平な取引単価が要因であると加工・製造部門は他責にして、加工・製造部門の改善が進まない。また栽培部門においても同様に、甘い単価だと栽培においてロスが多くても黒字になるので改善しなくてもOK、と栽培部門の危機感が希薄化しやすくなり、改善が進まず、競争力も低下する。

では、どのように取引単価を決めるべきか？　となるのだが、栽培部門と加工・製造部門の取引であれば、**市場連動型の取引単価**が、妥当性があり、最もシンプルである。原価積上型だと手間がかかるし、栽培部門が改善してコストダウンしても、取引単価に反映されては売上高減少になり、栽培部門の採算性も向上しないので、改善意識が低下するリスクがある。

市場連動型の単価設定は競争優位性を評価する意味でも有意義である。６次産業化はややもすると、そのビジネスモデル自体の優位性に甘んじて、会社全体がどんぶり勘定となる。個々の事業部門の採算性が見えないため、事業部門自体の競争力が弱体化しがちな傾向にあり、原材料費が競争力を失うなど、総合的に機能していないケースも散見される。栽培部門、加工・製造部門、販売部門、**それぞれの事業部門に強みがあり、各々が連携して改善に取組むなど機能してこそ、６次産業化を推進する意味がある。**

６次産業化は１次×２次×３次産業の掛け算なので、逆にどこかに弱みを抱えていては、そこがネックになり、フードバリューチェーン全体を弱体化させることになりかねない。

先述したが**６次産業化は、競争力ある事業の集合体が理想であり、そのためにも各事業部門の採算性・競争力の見える化による改善が重要となる。**甘い体質、採算性が悪い事業部門は６次産業化全体の足枷になるので、状況によっては弱体化している部門の事業を外注化によって強化するなり、何かテコ入れする必要がある。

ただし購入金額が安いからとの理由だけで、単純に外注活用するのは避けるべきである。**外注活用する際は、中長期的視点で総合的に評価・判断する必要がある。**総合的評価・判断の具体的内容としては、コスト競争力がシンプルでわかりやすい。外注先から見積もりを取得するだけで、外注活用と比較して、自社の事業部門が高いか安いかを判断できる。また、見積もり評価は単純比較だけでなく、将来的な改善も含めて総合的に判断したい。

6次産業化に取組むということは、設備投資が過大となり固定費が膨らむ傾向になるので、固定費となる経営資源をどれだけ有効活用できるかが重要で、各事業部門の経営資源の稼働状況や操業度、物流費・事務間接費も含むトータルコスト、将来の安定供給リスク、品質保証リスク、などを考えて冷静に客観的に評価・判断すべきである。また、評価の際には、改善すべき対象、目標とするレベルを明確化し、改善を促進するために、自社の何が課題かも見えるようにしたい。

3 会社全体で収益性向上を図る

単独の事業部門だけで収益向上を検討すると、会社全体の利益につながらないことも出てくる。

６次産業化でよくあるのが、栽培部門が単独で収益性向上を図ると、商品の利益率は低いのだが、栽培はしやすく栽培部門のみが儲かるような農産物を栽培しがちになり、栽培部門が作りやすいタイミングや品目に偏ってしまい、後工程の加工・製造部門の入り口に、農産物が山積みされるような場面だ。結果として、工場で余分な在庫管理や運搬、加工前農産物の劣化による品質悪化や余分な調整などの作業が発生し、製造・加工部門の収益性が悪化することがある。また同様に販売部門が必要としない商品在庫が増えた場合、外部に冷蔵・冷凍庫を借りる必要性が生じ、賃借料、保管に伴う物流費・管理費が発生し、収益低下を招くことになる。これでは6次産業化の意味を持たない。

せっかくひとつの会社で、6次産業化を志向するなら、1次から3次までの情報を一貫化してつなぎ、後工程の必要情報（品種・量、タイミング、置き場所、荷姿、利益率）を考慮してものを作り、後工程へ送るべきである。

以下は各事業部門の計画を連動させる概念図である。

販売部門の需要予測を起点に、販売計画、加工計画、作付計画を連動させ、原材料の不足なく、かつ部門間滞留在庫が最小になるように計画を立案する。また部門採算も考慮し、経営資源（農機、加工設備、配置人員など）の操業度を算出し、最大活用を図る。計画サイクルは年次サイクルをベースに月次サイクル、週次サイクルに展開し、最終的には日次の作業指示にまでブレイクダウンする。さらに各事業部門が連動したムダが少ない計画ができたら、作業実績を振り返り管理し、計画との差異を把握して改善を推進するといった一連の流れを図示したものである。

連動した計画は会社全体で立案し、全事業部門、全員参加の会議などで発表し、全部門全員で同じ情報を共有する。また、全員が納得するまで議論した

６次産業化農業経営体の計画立案イメージ

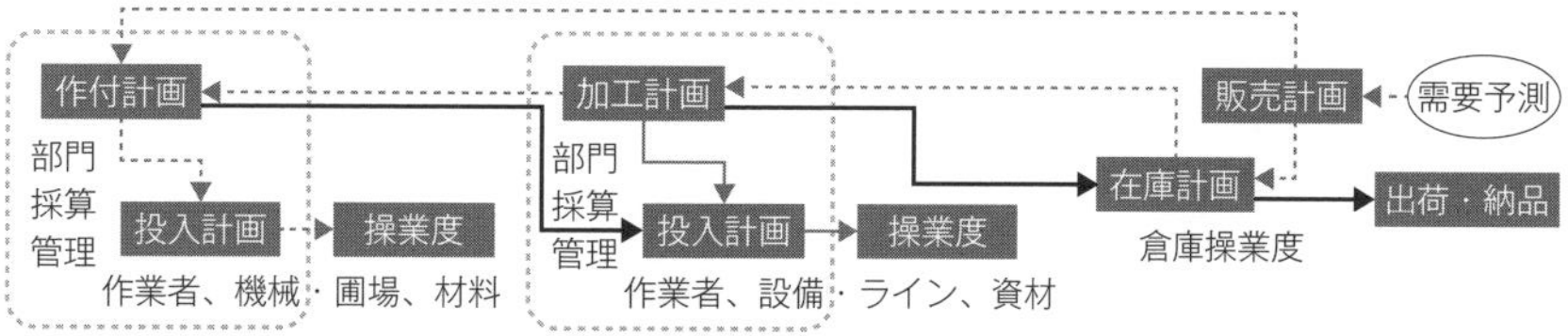

サイクル	栽培部門	加工部門	販売部門/会社全体
年次（四半期）	・年度予算策定 （予算・実績差異振り返り） ・改善計画・目標展開 （進捗振り返り）	・年度予算策定 （予算・実績差異振り返り） ・改善計画・目標展開 （進捗振り返り）	・年度予算策定 （予算・実績差異振り返り） ・改善計画・目標展開 （進捗振り返り）
月次	・３カ月先の作付計画ローリング ⇒負荷計画と目標・課題設定 ・次月作付計画確定 ・部門採算管理 （当月振り返りと次月目標）	・３カ月先の負荷計画、操業度管理 ⇒目標・課題設定 ・部門採算管理 （当月振り返りと次月目標）	・需要動向、競合動向 ⇒3カ月先の販売計画ローリング ・プロダクト管理（実績） ・全体収益管理 （当月振り返りと次月見込）
週次	・収穫予定(作物品質ランク見込) ・栽培状況管理 ・生産性管理（実績と見込）	・作業計画(作物品質ランク見込反映) ・生産性管理（実績と見込） ・改善活動（実績と計画）	・在庫状況、出荷予定 ・特急品対応、大口受注見込品対応 ・会社全体操業調整
日次	・収穫実績(作物品質ランク実績) ⇒振り返り ・作業予定 ・生産性管理（実績振り返り）	・作業予定 ・生産性管理（実績振り返り） ・商品品質、作業品質振り返り	・出荷予定 ・全体操業調整

部門長（年次〜週次）
管理担当（月次〜日次）
作業者（週次〜日次）

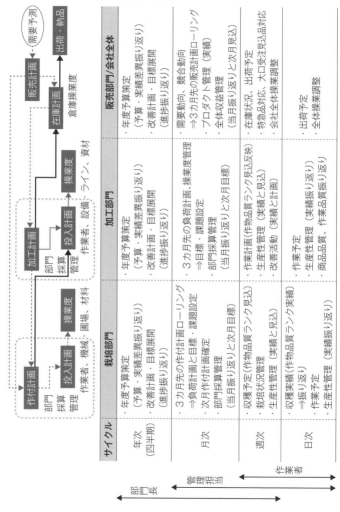

り、後日に禍根を残さないように疑問点・意見・要望を吐き出させるなど、一**体感を醸成する工夫が重要**となる。

実績の振り返りは、毎月各々の事業部門ごとに実施するが、四半期単位では全部門参加で情報共有、改善検討する場を設定して、各事業部門単位での改善検討だけでなく、**商品一気通貫での川上から川下までの流れのなかでの改善を検討し、6次産業化に取組んでいる事業体の強みを発揮する。**

五番農場では、加工・製造部門から栽培部門への要望で、収穫タイミングを工場の製造タイミングに少しだけ同期化することにより農産物の品質向上を図り、選別調整の能力アップ及び生産性向上、コストダウンにつなげることができた。

「栽培部門にも事情があるんだろうけど、選別前の中間在庫が山盛りなのに、追加で収穫されても品質劣化を招くだけだ。それでまた選別に手間がかかり、加工・製造部門の能力がダウンし、また中間仕掛在庫が増えて、品質劣化して選別に難儀する悪循環になっている」

加工・製造部門の管理者である南部製造部長の要望を、栽培部門の西原農場長は黙って聞いていた。

南部製造部長は栽培現場経験がなく、奥手の性格で普段から口数は少なく、他部門に対して何か意見することはあまりない。一方の西原農場長は工場での作業経験もあり、兄貴分的性格で豪快な一面を持ちつつ、従業員に対する細やかなフォローなどもあって従業員に慕われ、五番社長も一目置いている存在だ。

検討会が終盤に差し掛かるところで西原農場長が腹を決めたように言った。

「状況はわかった。栽培部門としても、せっかく自分たちが栽培した農産物が劣化するのは本意ではない（……収率も悪化するし……）。加工前の中間仕掛在庫と製造予定を共有するようにしよう。全部が全部、ナイスタイミングでの収穫は難しいかもしれないが、天気と圃場の農産物状況と農機・従業員の稼働状況を勘案して、収穫の作業指示を出すようにするよ」

普段、他部門に意見を言わない南部製造部長が、ついに我慢の限界とばかりに意を決して発言したことに対して、西原農場長が反応したのだ。

この本音の話し合いを経ることによって、完璧ではないにしても、前工程である栽培部門のちょっとした気遣いで後工程の生産性向上を図り、加工・製造部門は20％コストダウンにつなげることができた。

会社全体での取組みが成果につながり始めてきたことをきっかけにして、部門間連携の取組みも活発化してきた。やっと6次産業化農業経営体らしく、相手のこと、すなわち後工程の状況を考えて、会社全体の改善成果を考えられるようになってきたのだ。

4　6次産業化の組織体制と管理会計の仕組み

先述したが、６次産業化農業経営体で改善を促進するためには、事業部門ごとの採算性を見える化する会計の仕組み（本書では縦割会計と呼ぶ）が重要であり、併せて商品のコスト競争力強化のために、事業部門を跨って製品単位でコスト管理する仕組み（**プロダクト管理：横軸会計**）も重要となる。

さらには、顧客・製品単位に全権を持った責任者であるプロダクトマネージャーを選任し、商品の企画からライン立上げ・量産までを担当する。

プロダクトマネージャーは、顧客対応から商品の利益管理まで、事業部門長以上の権限と責任を有し、改善対象、すなわち重点課題を選定し、改善活動を促進する。また、顧客の要望事項を聞いて、必要に応じて権限を駆使して改善対応を行う。経営者は、縦軸と横軸の会計の仕組みを機能させ、その情報をもとに適切な対応（経営資源の有効活用、収益の最大化）を心掛ける。

プロダクトマネージャーに求められる人材像としては、将来の経営者候補の位置づけも視野に入れながら、主に次の3つの柔軟で高いビジネススキルが求められる。

①顧客ファーストの姿勢で、フードバリューチェーン全体の工程プロセス・作業を理解し、高い問題解決能力を有していること
②高いコミュニケーション能力を発揮して部門横断で改善を推進できること
③中長期的・総合的視点で意思決定・迅速に計画的に行動できること

組織としては、縦軸の事業部門の括りで事業部門の採算を管理し、横軸で製品単位のフードバリューチェーン全体のＱＣＤ（Ｑ：品質、Ｃ：コスト、Ｄ：納期・在庫）を管理し、競争力向上を図る。縦軸と横軸で力点が異なるため、事業部門間をつなぐプロダクトマネージャーと事業部門長を調整する、経営者

６次産業化農業経営体の縦軸会計と横軸会計の管理の仕組みと組織イメージ

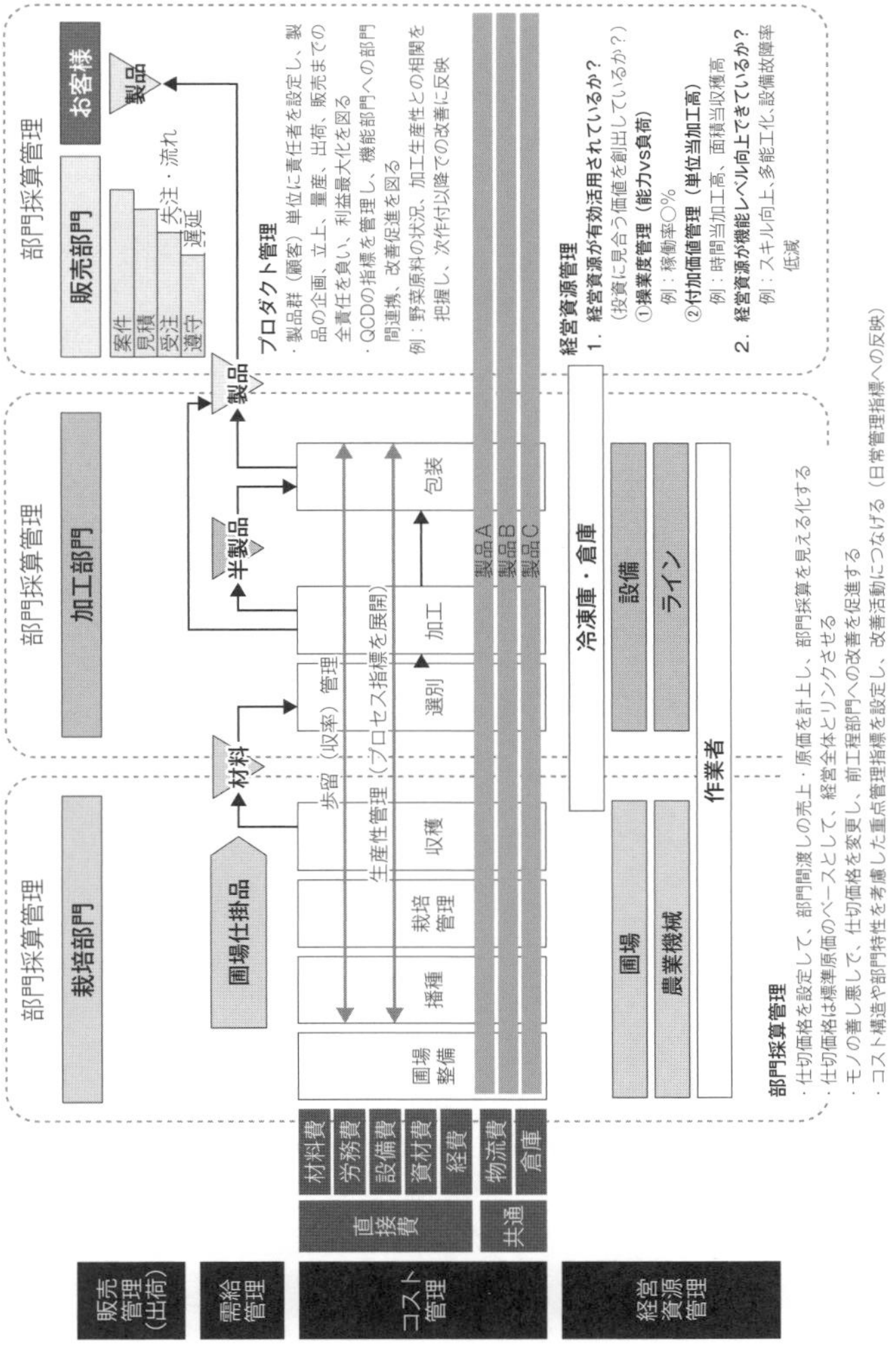

に経営判断できる適切な情報を伝えるといった、経営企画機能も重要となる。

各事業部門長は自部門が保有している経営資源（圃場、農業機械、設備、ライン、従業員労働力）を有効活用し、事業部門の収益拡大を目指すことになるし、プロダクトマネージャーは顧客ニーズに基づくQCDレベルアップを目指し、外注活用も含む最適なフードバリューチェーン構築を考えることになり、必ずしも自社の経営資源を優先するわけではない。よって誰かが第三者的に、公平に、客観的に、中長期的な視点で会社利益最大化を裁定する必要がある。

五番農場においては、経営企画室が経営企画機能の役割を担っているのだが、年度予算策定時に調整が必要な場面があった。

年度予算を見て南部製造部長がつぶやいた。

「このままでは、初秋に収穫が集中して、加工・製造部門が能力不足になる。収穫タイミングをもっと早めて収穫量を平準化できないか？」

南部製造部長の意見に、西原農場長が反応し反論した。

「収穫タイミングを早めるということは初夏の播種タイミングも早くする必要があり、その時期はトラクターが不足する懸念がある。新規にトラクターを購入してくれれば良いけど、簡単には了承できないなぁ」

そこで、赤川経営企画室長が第三者的に調整に入った。

「トラクター購入は、資金的にも、その他の時期の稼働率の面でも、減価償却を考慮した設備チャージ（減価償却÷稼働時間）の面で考えても、現段階で購入するのは難しい。初夏限定で必要ということであれば、農機のシェアリングリースかレンタル活用も含め検討して欲しい」

赤川経営企画室長は、現場経験は少ないが几帳面で数字に強く、博識で先進的農業の情報にも精通していて、論理的に調整することを得意としている。

青田販売部長が製造計画と出荷計画を見て、天を仰いだ。

「このままでは12月初旬に冷凍庫がキャパオーバーする。外部の冷凍庫を活用することになるが良いか？」

青田部長は営業経験が長く、営業部隊を統括し、在庫管理、受注業務、出荷

作業、物流手配を担当している。顧客からの信頼が厚く、顧客ファーストが過ぎることもあり、栽培部門、加工・製造部門とギクシャクすることも少なくない。

木村プロダクトマネージャーから、播種計画から見直しアプローチする改善提案が出た。

「外部倉庫を使ったら物流費、外部倉庫代がかかる。A商品は原価割れし、赤字になるよ」「播種時期をずらし、収穫と製造タイミングをずらして調整できないか？　社内の冷凍庫で回転できるように全体の計画を組み直し、操みて考えよう」

業度も勘案して、再度コスト計算してみよう。平準化に伴うリスクも抽出して

平準化は各事業部門の操業度・部門採算に影響するので、全体で調整し、各事業部門合意の上で進める必要がある。経営企画室が、事前に、仮にでもたたき台となる計画案を作成し、各事業部門における工程能力VS負荷（仕事量）を数値で見える化した効果が出た。赤川経営企画室長が苦労して作成した予算仮案が、各事業部門からの意見・要望が入り、改良・修正し、実になってきた。

全員出席の予算会議の場で、各事業部門の状況、目標と課題について情報共有、議論、意思決定できたことは、大きな意味を持つ。プロダクトマネージャー、事業部門長は数値目標達成と課題解決することの責任を自覚するし、一方で、数値目標達成、課題解決には従業員の協力は必須であり、その従業員にも情報共有することにより危機感と納得感を醸成し、「やるしかない！　やってやるぞ！」という気概と活動参加意識を促進した。全部門全員を巻き込んだ、

重点管理指標のイメージ

管理対象／管理項目		栽培部門	加工・製造部門	販売部門
重点指標（KPI）管理	Q品質	農産物品質評価、圃場歩留・不良率	工程内歩留 不良率	倉庫内歩留 顧客クレーム数
	Cコスト	農機生産性、稼働率 労働生産性 面積生産性	設備生産性、稼働率 労働生産性 材料生産性	外注費、稼働率 労働生産性 材料生産性
	D納期・在庫	収穫計画達成率	製造リードタイム	在庫回転数、在庫月 受注即出荷率
プロダクト管理		売上高・生産高、製造原価、営業利益率		
事業部門採算管理（共通）		稼働率、従業員一人当たり利益		

部門横断の連携した改善活動がスタートした。

その後は天候の読みのズレもあり、計画通りにいかない部分も多々出現したが、一度走り出した改善活動は、自然環境の変化・変動で留まることはなかった。四半期に一度の予算振り返り会で、各事業部門、製品単位の3カ月の栽培状況、採算状況と要因（収益実績値：対予算比、対前年比）、KPI重点管理指標（各部門・製品のQCDなど）、挽回策を伴う今後の見通し、取組むべき重点課題、改善事例について発表・情報共有し、部門間連携しながらも切磋琢磨して持続的な改善活動につなげ、収益向上を図っていった。一度改善活動の下地ができれば、その後の動きは早い。五番農場の特徴、強みである「やると決めたことはちゃんとやりきる」が発揮されてきた。**管理すべき重点指標が定まり、目標値と課題が明確化すればあとは実行するだけ。**改善のフォーマットができ、どんどん中身が改良され、五番農場の改善活動がレベルアップしていくとともに収益も向上していった。

5 全国展開を図り、リレー生産で収益拡大

6次産業化が有機的に機能したら、そのビジネスモデル、各事業部門のノウハウを標準化し、プログラム化して、全国展開を視野に他拠点でも展開すべきである。農業の本道である「適地」「適期」「適作」の考えを推進すると、ひとつのエリアだけでは、収穫時期が限定的になり、早晩収穫量が頭打ちになる。ハウス栽培で周年収穫という手もあるが、圃場環境整備の無理がコスト増加に反映される。もちろん、ハウス栽培を否定するつもりはないが、ここで言いたいのは、特性上施設野菜に向いている農産物と向いてない農産物がある、ということ、特に根菜は施設野菜に向いていないということだ。

また、他拠点展開することのメリットは大きい。産地リレー生産し、周年出荷するのはもちろんのこと、農業は収穫時期が繁忙期になりやすく繁閑差の波が激しいので収穫時期を地域分散して、収穫作業を応援することで労働力の負

荷のピークを平準化できる。また、収穫拠点を複数持つことで、天候不順などによる収穫量不足リスクを回避しやすい体制を構築できることも顧客の信頼獲得につながる。そして、シェア奪取による売上拡大と稼働率向上、管理者の拠点経営者候補育成や将来のチェーン展開、独立支援にもつなげる成長シナリオも見えてくる。

五番社長が打合せで語ってくれた。

「宮崎県の次は広島県だな。いや、その前に九州制覇も必要だな。加工場の月次稼働率の情報を収集して欲しい。稼働率に余裕があるなら、加工場と同じエリアの他の農業生産法人と連携して、原料の農産物を購入してエリア内で仮想６次産業化ができないかな」

五番社長は常に次のステージを見据え行動している。五番農場を中心に九州地区をカバーし、関西に近い拠点として中国地方（例えば広島県）への拠点展開を考えている。当然、顧客にとっては、リスクが少ない既存調達先の優先度が高いが、中・長期的視点でみたら五番農場にチャンスがないわけではない。

徹底的なマーケティング調査が必要である。顧客の意向・要求事項、他地域の生産状況、事業拡大に潜むリスク、調査することは多岐に及ぶ。西から東へと夢は拡がる。ライバルはグループ会社、良い意味で競争・切磋琢磨する関係を作り、ベンチマーキング化してさらなる収益力向上へつなげることも可能になる。

拠点が増えるということは設備、農機など投資も増えるので、それまで培ったノウハウを次に活かしながら、より機能の高度化を目指しつつ慎重に推進したい。多拠点化により購買力が強化されるが、一方で固定費化する経営資源の有効活用も求められる。専門性が高い農機は季節・農産物が限定的になりやすいので、作業請負のコントラクター事業や農機シェアリングの活用により稼動率向上を図ることも検討したい。

このように、６次産業化はメリットだらけの施策に見えるが、ひとつの農業経営体が単独で推進するのは、難儀することも多い。

同じ地域に複数の加工施設を作るのも非効率なので、本来はＪＡの仕事・機能として考えたい。産地で6次産業化やブランド化を図り、地域全体を束ねて産地全体の効率化を図りながら地域を活性化しつつ、全農が産地リレーを主導するなど、フードバリューチェーンにおけるＪＡの果たす役割は大きい。

そして、ＪＡグループは、何でも揃っている食のデパートであり、食料については、食材、加工方法、供給方法、も含めて何でも問題解決できる相談窓口であるべきだと私は考えている。

の採算性・競争力の見える化による改善が重要なポイントとなる。

- 外注活用は、中長期的視点で総合的に評価・判断する必要がある。単に農産物の高い安いだけでなく将来的な改善も含めて総合的に判断すべき。また各事業部門の経営資源の稼働状況、物流費・事務間接費も含むトータルコスト、将来の安定供給リスク、品質保証リスクを踏まえ、客観的に評価・判断すべき。
- 単独の事業部門だけで収益向上を検討すると、会社全体の利益につながらないこともあるので、他の事業部門の稼働状況も含め、フードバリューチェーン全体のトータルコストで評価し、最善策を検討する。
- 6次産業化を志向するなら、1次から3次までの事業の必要情報を一貫化してつなぎ、後工程の必要情報（品種・量、タイミング、置き場所、荷姿、利益率）を考慮してものを作り、後工程へ送るべき。
- 事業部門連動した計画は会社全体で立案し、全事業部門、全員参加の会議などで発表し、全部門全員で同じ情報や課題を共有、一体感を醸成する工夫が重要。
- 実績の振り返りは、四半期単位に全部門参加で、情報共有・改善検討する場を設定し、商品一気通貫で、川上から川下まで流れでの改善を検討する。
- プロダクトマネージャーは、商品の企画からライン立上げ・量産までを担当し、顧客対応から利益管理まで事業部門長以上の権限と責任を有して、改善対象を選定し、改善活動を促

第5章　まとめ

- 農業は「適地」「適期」「適作」が理想。それを無理なく実現する手段として、６次産業化が重要。
- これからの農業は、品質・安全性だけを売りにするのではなく、コスト面でも勝負できる農産物を作れないと生き残れない。
- 付加価値向上だけの課題解決では、継続的に多くの消費者が購入しないと、事業は行き詰まる可能性がある。
- ６次産業化を推進している農業経営体は、どんぶり勘定になりやすい。各事業部門の採算性と競争力を評価し、問題点を見える化して課題解決に取組み、弱点を克服し、競争優位性を発揮すべき。
- ６次産業化は、改革・改善活動の入り口。問題を発見し、課題解決するためにも、まず事業部門の採算性を見える化する必要がある。
- 成果が見えないと改善活動が持続しにくいので、部門採算の見える化は重要。
- 取引単価を精緻に算出することにこだわり過ぎて、労力をかけ過ぎないことが重要。
- 不公平な事業部門間取引単価は「改善活動のやる気」を削ぎ、改善活動の足枷になる。
- 市場連動型の単価設定は、競争優位性を評価する意味でも有意義。
- ６次産業化は、競争力ある事業の集合体が理想。各事業部門進する起爆剤となる。

- プロダクトマネージャーは、顧客ニーズに基づくQCDレベルアップを目指し、外注活用も含む最適なフードバリューチェーンの構築を図る。
- 事業部門長は、自部門が保有している経営資源を有効活用して収益拡大を目指す。
- 数値目標達成、課題解決には、従業員の協力は必須であり、情報共有により、危機感と納得感を醸成し、活動参加意識を促進する。
- ６次産業化を有機的に機能させ、ビジネスモデル、各部門のノウハウを標準化・プログラム化して全国展開を視野に他拠点でも展開する。
- 工場の稼働率の余裕度を確認し、地域・エリアの他の農業生産者とも連携して、原料の農産物を購入して、エリア内仮想６次産業化連合を検討する。
- 多拠点化により農機や設備の購買力が強化されるが、一方で固定費化する経営資源の有効活用も求められる。必要能力の見極めと稼働率向上が重要ポイント。
- JAの仕事・機能として、６次化、産地のブランド化を図り、地域全体を束ねて産地全体の効率化を図りながら地域を活性化しつつ、全農が産地リレーを主導する。

第6章

農業経営体の収益構造と改善ポイント

1 収益構造を展開する

農業経営体の収益分析にはいろいろな見方があるが、収益分析のひとつの見方として、**面積当たり収益性の構造展開**がある。農業経営者や事業部門の採算に責任を持つ管理者であれば、常に収益を構造的に、分析的に考える習慣を身につけたい。何を、どのように改善して、収益向上を図るか？　を常に考えておきたいものである。

農業における最も特徴的な経営資源は圃場であろう。**限りある圃場を有効活用し、付加価値ある農産物を栽培・生産できているかを重点管理指標として管理することが収益向上の近道であり、改善活動の指標としてもわかりやすいの**で、推奨したい。

面積当たり収益性は、分母（INPUT）に圃場面積を、分子（OUTPUT）に粗利益を置くことで算出される。粗利益は売上（6次産業化では生産高）と

収益構造展開のイメージ

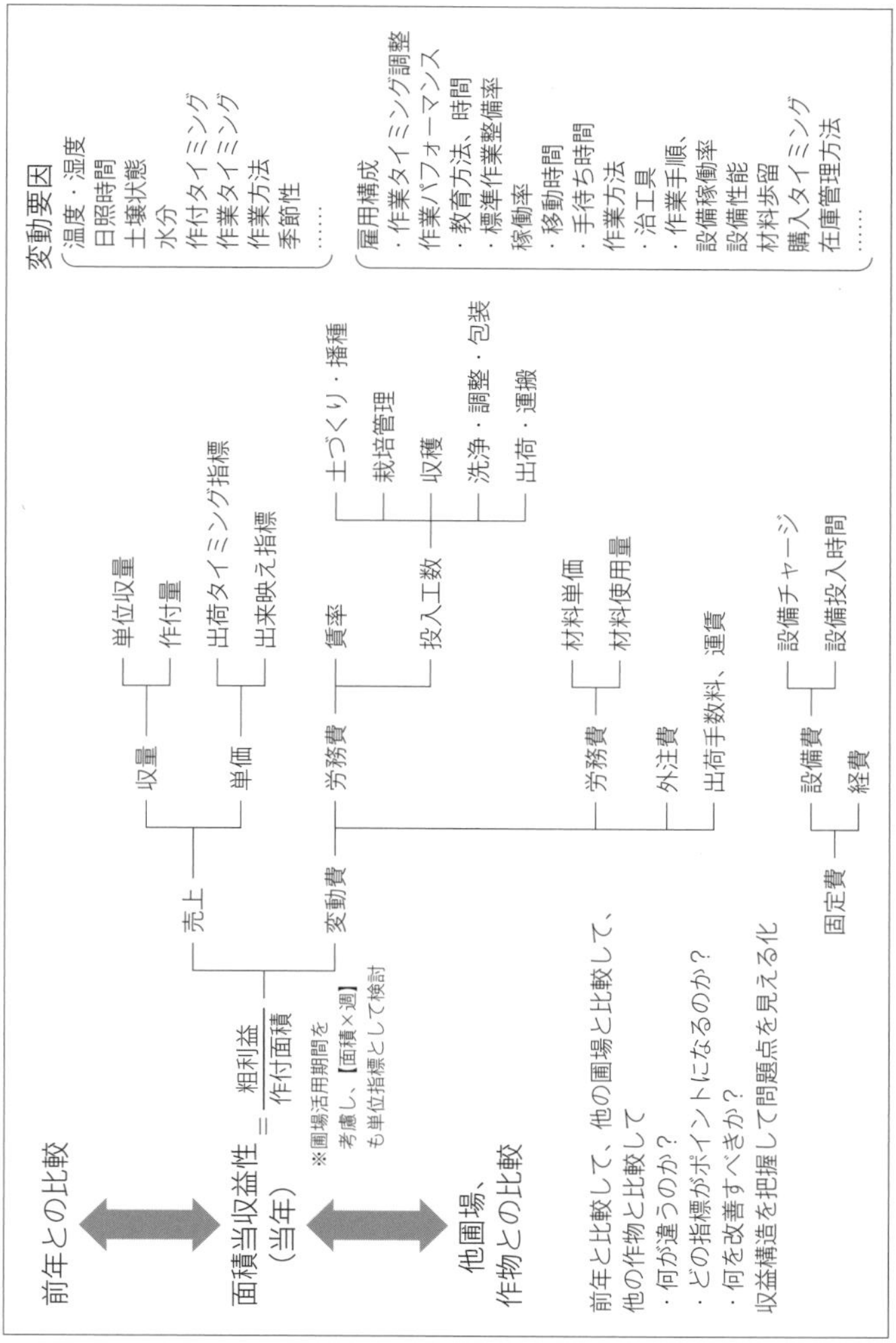

変動費に展開され、売上高アップのためには収量アップが必要となり、そのためには単位収量アップや作付量アップが考えられる。また、作付量アップのためには、圃場の有効活用による播種面積拡大や圃場回転数（播種・収穫数）の増加などの施策が考えられる。さらには、変動費では労働生産性向上による労務費削減、外注費削減が考えられるし、資材単価低減、面積当たり材料使用量削減余地がないかも改善検討の対象となる。

このように収益を構成する要素を構造的に展開することで、いろいろな問題点（＝改善余地）が見えてきて改善検討できる。しかも構造的に展開して検討しているので、改善による効果を予測でき、投資判断もできるようになる。

また数値で展開することで論理的、定量的に説明できるので、従業員に対しては改善活動の巻き込みがしやすくなり、また経営陣に対してはわかりやすい判断材料を提供可能となる。さらに収益構造の展開は、会社として、部門として、定型化し継続的に活用することで、共通言語化・共通認識化できて、会議・議論がスムーズになる、部門間比較や前年比較により、問題点発見、適正評価も可能になるだろう。

JMACが農業コンサルティングを推進している農業経営体においては、従業員にも収益構造展開が周知され、指導後6ヵ月くらい経過すると、朝礼で話題になるなど、改善活動として当たり前に収益構造展開が活用されるようになってくる。

2 改善を習慣化し体質化する

定型化した収益構造が組織に浸透すると、改善思考もパターン化し、改善視点が標準化して改善実行スピードも迅速化してくる。

6次産業化農業経営体の五番農場では、毎月各事業部門単位で実施する振り返り会において、西原農場長から次のような報告があった。

●前月の面積当たり収益性は8,000円/反で前年比95%、予算比90%

●予算未達の主な要因は反収が予算比90%で、反収が低下した原因は、播種後の冷え込みで霜が降り、成長が鈍化したことが影響していると考えられる

●次作期以降は、播種後の天気予報に基づき、冷え込みで霜が想定される場合には、対応策として霜対応シートを貼ることに作業標準を改良した

●反収低下による収量不足は収穫前に加工・製造部門、販売部門に連絡済みで、出荷には影響しないように調整済み

この報告からもわかるように、**要因は何か？　何が問題か？　数値を見て問題に気づき、改善対応策まで考える習慣が身につき、習慣化してきた**。数字は自部門だけでなく、他部門（後工程）にも影響するということを栽培部門の従業員に認識させることができつつある。自分たちの栽培が計画より遅れる、すなわち問題発見が遅れ、改善対応が遅れると、会社に大きな影響を与えるということを意識した栽培部門の従業員が、これまで以上に計画の重要性を意識し、圃場の変化・変動に敏感になり、現場実行力がアップした。圃場のちょっとした変化、リスクについて、作物担当者から西原農場長への相談数が増えた。問題への気づきが早ければ、それだけ早く適切に対応できるようになり、必然的に反収がアップしていった。

改善して自分で成果を実感できると、人間はやる気になる。収益構造展開か

らどこに問題があるか？　定量的に、論理的に把握し、要因を考えて改善検討・実行し、成果確認する改善サイクルが機能し始め、習慣化してきた。以前と比較して朝礼の充実度がまるっきり違う。今日の作業予定・作業指示ひとつひとつが論理的にすべて数字と紐づき、従業員が指示された作業の重要性・目的を認識して作業するようになった。

「前年の今の時期に霜が降りて農産物の成長が遅れたので、今日は霜除けシート貼り作業を追加しています。シート貼り・はがし作業で、ひと手間、ふた手間増えるけど、計画どおりの収量確保のために協力して欲しい」

作物担当の責任者の声に朝礼参加者がうなずく。副次効果として、増えた作業量を挽回しようと、既存作業の改善が進められた。残業にならないように、従業員が自ら進んで、ちょっとした改善をしてくれるようになった。

栽培部門の西原農場長は、従業員の改善意欲が向上してきたことに目を細めていたが、一方で気になることもあった。栽培部門の朝礼における一コマ。「耕起作業の短縮を目指してスピードアップを図ります」という気合いだけの効率化に対しては、「具体的に何を改善して効率化するのか？　単なるスピードアップは危険だから止めてよ。安全重視、安全第一だからね」と、西原農場長はことあるごとに安全意識の徹底を図り、単純なスピードアップを許さなかった。血気盛んな元気な若者もいるので、ややもすると、スピード競争になりかねない雰囲気に目を光らせた。スピード自慢する従業員には、口酸っぱく、安全の重要性について、自分の経験も交えて説いた。農機は、油断すると大きな怪我につながる重大事故になりかねない。栽培部門は、西原農場長を中心に、農機のスピードアップよりも作業のムダ取りに力点を置いて改善を推進し、小さな改善をみんなで積み上げていくことを習慣化した。常に現状の作業にムダがないか？　今よりもっと良い作業方法はないか？　と思考し、良いアイデアを試行するようになってきた。

栽培部門は、農機の稼働率向上や地域の高齢化対応のために、近隣農家の作業請負もしている。ムダが少ない作業は、地域でも評判になるくらい信頼されている。キビキビした作業は評判を呼び、毎年作業請負依頼件数は増加した。

栽培部門はムダ取り改善を徹底し、活用時間を作り、作業請負面積を増やして、売上高貢献と地域貢献に寄与していった。また農機の稼働率向上は収益面でも大きな成果をもたらした。農機の減価償却費は固定費なので、作業請負の売上高向上はダイレクトに、そのほとんどが利益アップにつながるのである（厳密には、オペレーターの労務費、重機運搬費など、変動費はあるが……）。

五番農場では、改善活動が当たり前のように実施され、従業員・組織の文化として改善が体質化し、成果となって現れ始めてきた。

（＝改善余地）を見える化する。

- 構造的に展開して検討することで、改善による効果を予測でき、投資判断が可能になる。
- 数値で展開することで論理的、定量的に説明できるので、従業員に対して改善活動の巻き込みがしやすくなる、また経営陣に対してわかりやすい判断材料が提供可能になる。
- 収益構造展開を、会社として、部門として定型化し、継続的に活用することで、共通言語化・共通認識化できると、会議進行・議論がスムーズになる。
- 定型化することで、部門間比較、前年比較による問題点発見、適正評価も可能になる。
- 定型化した収益構造が組織に浸透すると、改善思考もパターン化し、改善視点が標準化して改善実行スピードも迅速化する。
- 問題への気づきが早ければ、それだけ早く適切に対応できるようになり、必然的に反収アップの成果にもつながる。
- 改善して自分で成果を実感できると、人間はやる気になる。
- 収益構造展開からどこに問題があるか？　定量的に、論理的に把握し、要因を考えて改善検討・実行し、成果確認する改善サイクルの習慣化が理想。
- 従業員が指示された作業の重要性・目的を認識して作業するようになると、副次効果として、増えた作業量を挽回しようと、既存作業の改善が進むことがある。
- 従業員の改善意欲が向上すると、気合いだけの効率化、単なるスピードアップが増える危険性がある。安全重視、安全第一、

第６章　まとめ

- 農業経営の収益分析は、面積当たり収益性の指標を構造展開して考える。
- 面積当たり収益性は、分母（INPUT）に圃場面積、分子（OUTPUT）に粗利益を置くことで算出される。
- 農業経営者や事業部門の採算に責任を持つ管理者であれば、常に収益を構造的に、分析的に、考える習慣を身につけ、何を、どのように改善して、収益向上を図るか？　を考えられるようにしておきたい。
- 限りある圃場を有効活用し、付加価値（＝粗利益）ある農産物を栽培・生産できているかを重点管理指標として管理することが収益向上の近道。
- 粗利益アップは売上高アップと変動費削減に展開して考える。
- 売上高アップは、販売単価アップと収量アップに展開する。
- 収量アップは、単位収量アップと作付量アップに展開して考える。
- 作付量アップは、圃場の有効活用による作付面積拡大と、圃場回転数（播種・収穫数）の増加などの施策に展開して考える。
- 変動費は労働生産性向上による労務費削減、外注費削減、資材単価低減、面積当たり材料使用量削減余地がないか？　も改善検討の対象とする。
- 収益を構成する要素を構造的に展開して、いろいろな問題点安全意識の徹底を図ることも重要。

- 農機のスピードアップより作業のムダどりに力点を置いて改善を推進、小さな改善をみんなで積み上げていくことを組織として習慣化することが重要。
- 常に現状の作業にムダがないか？　今よりもっと良い作業方法はないか？　と思考し、良いアイデアを試行することが改善の近道で王道。
- ムダ取りした作業は地域で評判を呼び、売上高貢献と地域貢献に寄与する。
- 農機の稼働率向上は、収益面でも大きな成果をもたらす。農機の減価償却費は固定費なので、作業請負の売上向上はダイレクトに、そのほとんどが利益アップにつながるため、影響度が大きい。

第 7 章

変化・変動に強い農業経営スタイルを確立する

1 環境変化に強い農業経営とは

農畜産物は天候や病気のリスクと常に隣り合わせで量変動が激しく、需給バランスが崩れると、市場価格が乱高下し、農業経営は振り回される。

農家は万一の生産量（出荷量）不足に備え、少し多めに生産するため、天候に恵まれると豊作貧乏になるケースも少なくない。これは、農家が実際原価を知らないため、拡大再生産に必要な適正な価格で取引できてないことと、実際に供給過剰になり販路を確保できず、市場に対して投げ売り状態になることが要因と想定される。

変化・変動に強い農業経営は、次の2点が要諦になる。

①安定した需要起点のフードバリューチェーンの仕組み構築（情報統合、川下までのロス極減化）

②変化に敏感な体質づくり、人づくり

取引額が多い販売先の生産量を安定的に確保し、全体工程の能力を把握して季節変動する負荷と自社保有経営資源能力のバランスを取ること。さらに原価低減を図ったうえで、天候や病気など不具合リスクの情報を早期に把握し、**的確に迅速に対応できるハイブリッドな生産体制・仕組みを構築すること**が重要となる。

安定的な生産量を確保することで、原価低減、品質向上、安全な農産物生産を心掛けるとともに、フードバリューチェーン全体で需給情報を一元化し、**バリューチェーン全体の経営資源の有効活用化を図ること。**また、産業構造的なムダ・ロス（廃棄ロスや運搬ロスなど）を削減し、**コストダウンと安定供給、品質向上を図ること**が重要だ。

リスクを考慮して多く生産した分について、順調に生育している情報を管理できている場合は、需要サイド（主に安定取引先）と早い段階で情報共有し、取引数量を増加できないか事前交渉することが必要だ。その際に、契約段階で増量取引の条件までを決めておくことができれば理想的だ。

安定取引先の増量出荷受入が難しい場合は、条件が良い市場関係者との事前の情報共有と早期交渉がポイントとなる。

「事前」「早期」がキーワードである。

経営者は、栽培状況を的確に把握し、過不足対応したいものである。不足対応だけでなく、収益確保のためには、過剰生産への対応も重要である。これも〝農業あるある〟だが、過剰生産への対応が疎かになっているケースが多い。

過剰生産への対応は重要であるが、そもそも生産リスクへの変化・変動対応ができていれば、過剰生産幅を縮小できるので、**変化・変動対応が最も重要と**なる。変化・変動対応でポイントとなるのは、需要サイド起点のフードバリューチェーンの情報一貫化を図るための**情報収集の仕組み構築と、変化に強い供給サイドの体質づくり**である。

情報収集の仕組み構築とは、生産から販売までの需給プロセスの情報を一貫的につなぐことであり、需要サイド、供給サイドが同じ情報（タイミング、粒度、内容）を共有し、課題解決をフードバリューチェーン全体で一体的に取組むことが重要なポイントとなる。

フードバリューチェーンのある特定の問題点は、プロセス全体の弱点になり、ひとつのロスがフードバリューチェーン全体に影響することを認識すべきである。例えば、需要サイドが有利契約を締結し供給サイドが不利を被った場合、長い期間でみると、供給サイドの生産者の弱体化を招き、結果として安定した供給拠点（取引先）を失うリスクがあることを、需要サイドは自覚すべきである。よく聞く話だが、需要サイドの担当者レベルで、当年度だけ価格交渉で調達単価をコストダウンするような**短期的な成果追求をしても、中長期的には、フードバリューチェーンの弱体化を招く**ことになり、意味がない。

2 中長期的視点、広い視野で考える

ここで言いたいのは、生産者との契約交渉を甘くすることではなく、需要サイドが中長期的な視点で、供給サイドを強化・育成することが重要であるということである。例えば、需要サイドの外食事業者の一担当者が短期視点で、調達コストダウン（お願いベースのコストダウン：根拠のない価格低下交渉）を仕掛けることは生産者との信頼関係を損ね、結果的に自分たちのフードバリューチェーンの競争力を低下させ、中長期的にはバリューチェーン全体の弱体化を招くことにつながりかねない。需要サイドの担当者として、中長期的な視点で考えるべきことは、持続的な競争力強化につながる取組みである。

例えば、品質強化の取組みとしては、以下のようなものが考えられる。

①後工程の加工場での品質不具合情報を共有し改善する

②もっと本質的な改善として各工程の品質・仕様を情報共有し、フードバリュ

―チェーン全体でミニマムコストの追求を連携して改善を取組む

その際は、需給両サイドにメリットがあるWin―Winの取組みを考える必要がある。どちら側かで、偏って利益を貪ることがないように、連携した取組みを心掛けたい。フードバリューチェーン全体のプロセスにおける小さな綻びは、バリューチェーン全体のリスクとして認識し、フードバリューチェーンを構成する企業体で連携して問題解決し、信頼関係を構築すべきである。

フードバリューチェーンのリーダー的存在（例えば需要サイドの外食の調達担当）は、自社、自部門、自分のメリットだけでなく、フードバリューチェーン全体の持続的な競争力強化を中心に考え、目標設定の時間軸を中長期視点に置き、目標展開すべきである。短期的な自社の収益性にのみ固執した取組みでは、いつの間にかバリューチェーン全体が弱体化していってしまうので、中長期視点、広い視野で考える必要があるのだ。

需要起点のフードバリューチェーンの情報管理の仕組み

プロセス		年初1回	3カ月週次予測を毎月ローリング更新	1カ月日次確定毎週ローリング更新
供給サイド	農場	需要側の年初計画、自社収益目標をもとに作付・作業計画 →能力不足対応 ※作物品質FB情報をもとに技術向上	需要側の必要量予測に対する栽培・在庫状況を確認・報告 →能力不足対応 →挽回策対応	需要側の必要量予測に対する作業計画を確認・報告 →能力不足対応 →挽回策・応援対応
流通	物流	供給・重要量から物流量を推計し、不足する能力の対応検討	需給情報もとに能力確保	日次出荷予定情報をもとに能力確保
需要サイド	中食（工場・センター）	1年間の月次需要情報(目標)を作成	3カ月先までの週次需要情報を提供	1カ月先までの日次生産情報を提供
	外食	1年間の月次需要情報(目標)を作成	3カ月週次需要情報を提供	1カ月先までの日次需要情報を提供
	小売・スーパー	1年間の月次需要情報(目標)を作成	3カ月週次需要情報を提供	1カ月先までの日次需要情報を提供

3 変化に強い体質づくり

需要サイド起点のフードバリューチェーンの仕組みづくりと並んで重要となるのは、**変化に対応できる供給サイドの体質づくり**である。体質は、日々の言動の積み重ねで強化されるので、模倣しにくく、差別化要素・強みにもなりうる。

経営者と現場管理者は、栽培現場、加工・製造現場のちょっとした変化に気づき、問題点に対して全員で最適対応を協議し早期に対応できる場・機会を作ることを心掛けたい。家族的農業経営の時にはできていたのに、事業が大規模化し、企業的経営を志向する過程でできなくなってしまった、**ちょっとした気づきの共有が必要**だ。

例えば、過年度同時期の問題点を朝礼の場で、全員で共有し、問題点に対する感度を高める取組みだけでも現場は変わってくる。**ものの見方、問題点の考**

え方を共有すると、現場でのものの見方が変わってくる。家族経営の時は、気になることがあれば、家族の食事中の会話で共有できていたはずである。**見方が変われば、変化にも気づきやすくなり、変化点がわかるようになれば、対応も早く的確になる。**

農業経営者の役割として、そのような変化対応の場づくりも重要で、月1回の経営会議を、事業部門長に加えて、現場管理者（例えば作物担当者）同席で実施し、成果と変化点について発表してもらうことも有用な方法である。また、朝礼を利用して問題点の共有や改善検討をすることも、単純ではあるが、有効な手段となりうる。**現場管理者の感度が向上すれば、現場が変わる。**現場管理者の一挙手一投足で現場の従業員の動きも変わってくる。現場管理者が常日頃から農産物の成長のリスクを抽出し、つぶさに観察して、リスクに先んじて対応策を的確に打てるように行動して成果を出していれば、従業員も素直に指示通り行動してくれるようになる。従業員が現場管理者を尊敬し、模倣してくれるようになれば、変化に敏感で最適対応できる最強の現場が出来上がる。

変化・変動に強い体質づくりは、現場管理者を中心とした地道な改善活動によって実現できると考える。これからの農業に求められるのは、高価な自動操縦を可能にする農機やシステムだけではなく、地道な改善活動こそが重要となってくる。高度な情報や便利な農機を使いこなして成果につなげることが可能な、実行力ある現場づくりが求められている。

当然、現場管理者の役割・責任は重大であるが、農業経営者がその手本となるべきである。経営者、管理者、責任者の良い言動が、従業員の行動、組織文化にもつながってくる。農業経営者は率先して改善活動に取組み、常日頃から模範となる言動を心掛けたい。

に対する感度を高める取組みだけでも現場は変わってくる。

- 「ものの見方」、問題点の考え方を共有すると、現場での「ものの見方」が変わってきて、変化に対する気づきが生まれやすくなり、異常への感度が高まる。
- 変化・変動に強い体質づくりは、現場管理者を中心とした地道な改善活動によって実現できる。

第7章　まとめ

- 変化・変動に強い農業経営のポイントは、安定した需要起点のフードバリューチェーンの仕組み構築（情報統合、川下までのロス極減化）と変化に敏感な体質づくり、人づくり。
- フードバリューチェーン全体で需給情報を一元化し、バリューチェーン全体の経営資源の有効活用化を図ることで、産業構造的なムダ・ロス（廃棄ロスや運搬ロスなど）を削減し、コストダウンと安定供給、品質向上を図る。
- 変化・変動に強い農業のキーワードは、「事前」「早期」。
- 収益確保のためには、生産量不足対応だけでなく、過剰生産への対応も重要。
- 生産から販売までの需給プロセスの情報を一貫的につなぎ、需給両サイドで同じ情報を共有し、課題解決をフードバリューチェーン全体で一体的に取組むことが重要。
- フードバリューチェーンの特定の問題点は、プロセス全体の弱点になりうる。
- 需要サイドが中長期的な視点で、供給サイドを強化・育成することが重要。
- 需給両サイドにメリットがあるフードバリューチェーン全体の強化につながるWin―Winの取組みを考える必要がある。
- 改善体質は、日々の言動の積み重ねで強化されるので、模倣しにくく、差別化要素・強みにもなりうる。
- 過去の同時期の問題点を朝礼の場で、全員で共有し、問題点

第8章

Society5.0における農業経営

1　限りある経営資源の有効活用

今後は、高齢化の進展により、老人のケア・介護などに手間がかかり、少子化の影響などもあり、労働力不足が懸念される中で、高度な社会資本の有効的な活用による革新的な生産性向上が必要となる。Society5.0の時代の到来である。

内閣府資料によると、Society5.0では、気象情報、農作物の生育情報、市場情報、食のトレンド・ニーズといった様々な情報を含むビッグデータをＡＩで解析することにより、次のようなことができるようになるとされる。

①ロボットトラクタなどによる農作業の自動化・省力化
②ドローンなどによる生育情報の自動収集

③天候予測や河川情報に基づく水管理の自動化・最適化などによる超省力・高生産なスマート農業の実現
④ニーズに合わせた収穫量の設定
⑤天候予測などに併せた最適な作業計画
⑥経験やノウハウの共有
⑦販売先の拡大などを通じた営農計画の策定
⑧消費者が欲しい農作物を欲しい時に入手が可能になる
⑨自動配送車などにより、欲しい消費者に欲しい時に農産物を配送する

また、社会全体としても食料の増産や安定供給、農産地での人手不足問題の解決、食料のロス軽減や消費を活性化することが可能となると言われている。いずれにしても、これからは限られた経営資源を有効活用することが求められる。地方自治体においても幼老の一体的運営など、既存の社会資本を共通基盤として有効活用し、地域全体の生産性向上を図り、サービスの充実化を図る

ことが重要となることが想定され、地域一体となった取組みが必要となる。農業などの1次産業も社会資本の一部として、食の安定供給の機能を担っている。Society5.0の時代を迎え、ジタバタしないように、今からムダが少ない農業経営を志向し、改善活動の推進により農業現場を鍛えておくべきである。

2 従業員を巻き込んだ改善活動で対応力強化

このような環境下で、これからの農業経営に求められるのは、様々な情報からいち早く、変化・変動の兆しを着実に捉え、俊敏に的確に対応することである。社長一人だけでなく、従業員全員が情報の重要性を認識し、実行力ある現場を作っていくことが肝要である。

最後の〝農業あるある〟ではあるが、社長が声高に理想を叫ぶだけで、従業員との距離感が離れてしまっているケースが多い。社長の考えた企業理念には、良いことが書いてあるのに、残念ながら現場に全く落としこめていないケースが何と多いことか？　これでは絵に描いた餅で終わる、残念なケースのオンパレードである。

従業員から社長の考えを理解しようと歩み寄ることは少ない。よく現場の従業員から聞かれるのは「社長の言うことは理想論、きれいごと」「抽象的で、具体的に自分たちが何をすれば良いのか、わからない」ということである。だから、**経営者が現場の従業員がわかりやすい言葉に咀嚼して、抽象的な表現を、具体的な行動レベルに変換し伝える工夫が必要となる。**「高生産性・高効率な生産が求められる」という言葉自体は理解できるが、さらにそれを咀嚼して、**「具体的に自分たちは何をすべきか?」を従業員にわかりやすい言葉で説明することが必要**である。

先述したが、農業経営の競争力向上が狙いであれば、生産性指標として面積当たり収益性がわかりやすい。生産性は、〈分子OUTPUT（生産高または粗利益）÷分母INPUT（投入資源）〉の式で考えると理解しやすい。高生産性は、OUTPUTの最大化と、INPUTの最小化により実現できると説明できる。すなわち生産性向上は、収穫量の増大であり、販売単価アップによる生産高向上と、それを生産するために投入される経営資源の最小化により実現できる。経営資源の最小化の対象となるものは、農産物を生産するための圃場であり、そこで働く従業員であり、資材などの材料である。経営資源を無駄なく使い、

OUTPUTである農産物生産を有効的に価値変換することが求められる。

現場を巻き込んだ改善活動において、朝礼や集会などで、経営者が従業員へ一方的に語るケースが多いと思うが、例えばグループワークで議論し合うなどといった、**従業員が自ら考える機会を作ることが効果的**である。なぜ理念に書かれていることをすべきか？　を従業員自身に考えさせると、経営者が意図していることとの理解が進む。**自ら考えることを習慣化することが効果として現れてくるのだ。**例えば、面積当たり収益性を改善するために、これを行動したら（＝改善実施すると）、OUTPUT、INPUTのどの部分に効いてくるのか？を自らで考えるようになる。

日頃から生産性に興味を持って考えるようになると、結果として、圃場で何か異変があった時の感度が高くなる。感度が高くなると、なぜ、その現象が発生したか要因を考えるようにもなる。要因を考えると、効果的な対応策を検討できるようになる。そして自分で要因を考えて対応策を検討すると、その実行力も強化される。

誰かに指示されて、やらされ感満載の中で改善実行するよりも、自分たちで考えた改善アイデアを形にして成果を出すほうが数倍嬉しく、継続的に、そして効果的に推進する可能性が高まる。誰かに指示されて、やらされる改善活動は、上手くいかない理由を探しがちだが、自分たちで考えた改善アイデアは、最初は上手く成果が出なくても次善策も含め成果が出るまで改善をやりきる傾向にある。これが自然にできる組織づくり、仲間づくりが重要である。**誰かが上手くいかなくても、周りの仲間が支援し激励してくれる組織体質を作りたい。**またその**結果が指標として見える仕組みも重要**である。

指標の見える化のためにデータ入力に手間暇をかけすぎると、本末転倒になるので、センサーなど自動情報収集機器を有効活用したい。農業ＩＣＴの機器類は近年大幅に進化し、採用件数の増加とともに急速に低コスト化し、活用しやすい状況にある。農水省ＨＰなどに適用事例が紹介されているので参照願いたい。

デジタル農機・農業経営管理システムの進化により、多様な情報を収集し、圃場における農産物の変化・変動に気づいたとしても、現場の実行力がないと、対応できずに意味がない。農業には、天候・土壌・種子など自分たちの努力では防ぐ術がない変化・変動がつきものなので、外部要因で環境変化した時に、現場の従業員の的確な現場対応力が重要となる。**デジタル化の進展により情報量が増加しても、現場での気付きが重要で、最後は現場の対応力が勝負となる。**これからの農業経営には、変化・変動に早く気づく仕組みを構築し、的確に対応できる強い現場を作ることが求められるのである。

高額で便利な農機やシステムの登場、デジタル化の進展を座して待つのではなく、**情報を駆使して的確に改善対応できる、情報を有効活用して改善できる現場づくりこそが重要**となるのである。そのためにも、経営幹部だけでなく、普段から従業員を巻き込んだ改善活動を心掛けるべきである。従業員と当たり前を共有し、異常を迅速に察知できる能力を高めておくことが重要となる。

農業現場において、多頻度で発生する変化・変動をいち早く捉え、的確に対応する、そのための基盤づくりこそが高度な農業経営を推進する近道であり、

Society5.0の時代において、「儲かる農業」を実現するひとつの手段なのだから。

- 経営資源を無駄なく使い、OUTPUTである農産物生産を有効的に価値変換することが求められる。
- 現場を巻き込んだ改善活動は、従業員が自ら考える機会を作ることが効果的。
- 従業員と当たり前を共有し、異常を迅速に察知できる能力を高めておくことが重要。
- 農業現場において、多頻度で発生する変化・変動をいち早く捉え、的確に対応するための基盤づくりこそが、高度な農業経営を推進する近道。

第8章　まとめ

- 高齢化の進展により、老人のケア・介護などに手間がかかり、少子化の影響などもあり労働力不足が懸念される中で、高度な社会資本の有効的な活用による革新的な生産性向上が必要な時代が到来する。
- 超省力・高生産なスマート農業を実現すること、ニーズに合わせた収穫量の設定、天候予測などに併せた最適な作業計画、経験やノウハウの共有、販売先の拡大などを通じた営農計画の策定、消費者が欲しい農産物を欲しい時に入手が可能になること、自動配送車などにより欲しい消費者に欲しい時に農産物を配送することができるようになるとともに、社会全体としても食料の増産や安定供給、農産地での人手不足問題の解決、食料のロス軽減や消費を活性化することを可能にする必要がある。
- 既存の社会資本を共通基盤として有効活用し、地域全体で生産性向上を図り、サービスの充実化を図ることが重要。
- 様々な情報からいち早く、変化・変動の兆しを着実に捉え、俊敏に的確に対応することが求められる。
- 従業員全員が情報の重要性を認識し、実行力ある現場を作っていくことが肝要。
- 生産高向上は、収穫量の増大と販売単価アップにより実現できる。
- 経営資源の最小化の対象は、農産物を生産するための圃場であり、そこで働く従業員であり、資材などの材料。

おわりに

本執筆に際し、快く事例提供にご協力いただいた生産者に感謝申しあげたい。当時を思い出しながらできるだけリアルに表現した部分もあり、秘匿しておきたい部分もあったと思うが、ご了承いただいた。

少子高齢化が進展している日本において、労働力不足、食料調達危機は喫緊の課題であり、儲かる農業、魅力ある農業経営を実現できないと、日本の明るい未来はないと改めて実感した。安定した食料調達は国家の根幹であるなぁと、つくづく思う。

コンサルティング事例を再整理する過程で、改善活動を成功に導く農業生産者は、次の3つのことが共通基盤として具備されていることを再認識した。

①強い現場は、課題解決に前向きで、事実に素直で、元気がある。
②農業経営者は、健全な課題認識に基づく明確なビジョンを明示し、チャレ

ンジ意欲を強く持つ。
③カイゼンは明るく楽しく、迅速にやりきる。

農業コンサルティングの現場は、北は北海道、南は九州・沖縄まで全国各地にあり、移動が大変でつらいことも多かったが、それ以上に楽しく、現場から元気をもらえた。現場が作業改善されて作業が楽になり、収益向上して感謝されるのが嬉しかった。現場の人と改善案を議論して、ホームセンターで必要資材を購入し、改善アイデアをカタチにするのが楽しく、ウキウキして現場訪問していたころが懐かしく思い出された。

最初は、とっつきにくい農業生産者でも話せばわかる。事実をベースに困りごとを共有し、要因を深掘りする過程で、問題の本質に迫ることを繰り返した。聴くことは大事である、すべての答えは現場にある。そして何より重要なことは、チャレンジ精神である、まずトライしてみる。トライ&エラーから正解が生まれることもある。言い訳の上手な説明からは何も生まれない。素直な心持ちで事実（現場の出来事、数字）に率直に向き合って改善してきた。改善成果は、苦労を快楽に変える魔法の薬だ。

〈問題発見⇓要因探索⇓改善施策検討⇓改善実行⇓改善成果獲得・確認・賞賛〉の改善サイクルを愚直に繰り返すことで改善が体質化し、身体に、頭に染みつくのである。一度、改善サイクルが染みついた現場は強い。後は少しずつテーマをレベルアップする仕組みを構築するだけで収益改善が図れる。

日本の農業の現場改善はこれからが本番である。革新的なイノベーションも重要であるが、高価な農機やシステムに大金を投じる前に、農業生産者としてやれること、すべきことはたくさんあるはず。問題発見できない人でも、目線・視点を変えると問題が見えてくるはず。短期（今日・明日）ではなく中長期（3〜5年後）を見据え、自工程だけでなく全体工程（例えば後工程・加工職場や売り場）を見て問題を発見することからスタートしよう。

フードバリューチェーン全体で価値がある作業・業務か？　客観的に俯瞰して考えてみることが必要である。これまでどおり、現状維持では成り立たない時代が目の前に迫っている。ピンチは、実はチャンスでもある。改善技術・改善基盤（改善視点、改善サイクル、改善推進リーダー）を習得し、来たる日（農業ICT・スマート農業の進展）に備えよう。

イノベーション・改善は現場主導で。改善活動を愚直に推進することで革新的なテーマ、取り組みが創出されるはずである。他人が考えたイノベーションは魂が入らないので、できない言い訳を考えがち。農業は変化・変動が多く、一筋縄でいかないことが多いのは自明の理。現場主導の改善で、自責の念を持って、改善を推進してもらいたい。

「お金は出せなくても、知恵を出せ」を合言葉に、これからも日本の農業発展「儲かる農業経営」に邁進していきたい。読者の皆さんも、やれることからトライしてみよう。宝の山は目の前にある。さっそく今日から取組んでみよう。

２０２３年４月

株式会社日本能率協会コンサルティング
今井一義

編著者

株式会社日本能率協会コンサルティング（JMAC）

日本能率協会コンサルティングは、1942年に設立された日本初の経営コンサルティングファーム。戦略・R&D・生産・オペレーション・IT等、日本内外の企業に対し、年間2,500以上のコンサルティングプロジェクトを展開する総合コンサルティングファーム。特に製造業支援に強みを持つ。

執筆者

今井一義（いまい かずよし）

JMAC日本能率協会コンサルティング　生産コンサルティング事業本部　副本部長
シニアコンサルタント、JMAC「アグリビジネス研究会」推進リーダー
製造業・メーカーのコストダウン、製造現場の生産性向上、人材育成のコンサルティングを行いながら、「日本の農業復興」を信念に、製造現場の改革・改善手法を農業分野に展開している。製造現場でのノウハウを活用し、現場の効率化によるトータルコストダウンに加え、栽培～加工～販売のフードバリューチェーン全体の最適化を中心に活動している。

改善力を生かした究極のものづくり

儲かる農業経営

2023年5月10日　　初版第1刷発行

編 著 者――日本能率協会コンサルティング
　　　　　©2023 JMA Consultants Inc.
発 行 者――張 士洛
発 行 所――日本能率協会マネジメントセンター
〒103-6009　東京都中央区日本橋 2-7-1 東京日本橋タワー
TEL　03(6362)4339(編集)／03(6362)4558(販売)
FAX　03(3272)8127(販売・編集)
https://www.jmam.co.jp/

装　　丁――冨澤 崇（EBranch）
本文組版――株式会社明昌堂
印刷所―――広研印刷株式会社
製本所―――株式会社新寿堂

ISBN 978-4-8005-9099-2 C3034
落丁・乱丁はおとりかえします。
PRINTED IN JAPAN